G. L. Abu Youcef

Prevenir os riscos Pesticidas

G. L. Abu Youcef

Prevenir os riscos Pesticidas

ScienciaScripts

Imprint

Cover image: www.ingimage.com

This book is a translation from the original published under ISBN 978-620-6-72447-6.

Publisher:
Sciencia Scripts
is a trademark of
Dodo Books Indian Ocean Ltd. and OmniScriptum S.R.L publishing group

120 High Road, East Finchley, London, N2 9ED, United Kingdom
Str. Armeneasca 28/1, office 1, Chisinau MD-2012, Republic of Moldova, Europe
Managing Directors: Ieva Konstantinova, Victoria Ursu
info@omniscriptum.com

Printed at: see last page
ISBN: 978-620-8-61519-2

Prevenir os riscos associados aos pesticidas

Imagem: iStock

Por: G.L/ABU YOUCEF

Índice

Resumo do livro

"Prévenir les Risques Liés aux Pesticides" é uma exploração exaustiva dos perigos associados à utilização de pesticidas, tanto para a saúde humana como para o ambiente. Numa altura em que as práticas agrícolas têm de evoluir em resposta aos desafios ecológicos, este livro pretende sensibilizar os leitores para os impactos, muitas vezes pouco conhecidos, dos produtos fitofarmacêuticos. Cada capítulo aborda um aspeto específico, desde os tipos de pesticidas às alternativas viáveis, passando pela regulamentação e pela formação necessária para uma utilização segura.

O livro começa com uma introdução aos pesticidas, fornecendo uma panorâmica histórica e científica da sua utilização. Em seguida, descreve em pormenor os vários riscos para a saúde, incluindo os efeitos a longo prazo na saúde dos agricultores e dos consumidores. Ao mesmo tempo, as consequências ambientais, como a contaminação do solo e da água, também são destacadas, sublinhando a importância de uma abordagem integrada da gestão das pragas.

O livro propõe soluções práticas para reduzir estes riscos, centrando-se em práticas agrícolas sustentáveis e alternativas aos pesticidas químicos. Estudos de casos ilustram iniciativas bem sucedidas e são fornecidos conselhos práticos para ajudar os agricultores a adotar métodos menos nocivos.

Por fim, o livro conclui com um apelo à colaboração entre agricultores, consumidores e decisores. Ao adotar uma abordagem colectiva, é possível enfrentar os desafios colocados pela utilização de pesticidas e garantir um futuro saudável para o nosso planeta e os seus habitantes. Este livro não é apenas um guia, é um manifesto para uma mudança urgente e necessária.

Autor:
G.L/ABU
Supervisor, formador
e doutorando em
SST

Uma palavra do autor

Caros leitores,

Na nossa era moderna, a agricultura tem sido frequentemente sinónimo de maior produtividade, inovação tecnológica e capacidade de alimentar uma população mundial em constante crescimento. No entanto, esta procura de maiores rendimentos não deve fazer esquecer as questões cruciais levantadas pela utilização de pesticidas. Estas substâncias químicas, embora eficazes na luta contra as pragas e doenças das culturas, apresentam riscos importantes para a saúde humana e o ambiente. É essencial estarmos conscientes destes perigos para podermos fazer escolhas informadas que protejam não só o nosso bem-estar, mas também o do nosso planeta.

Este livro não é apenas um conjunto de informações, mas um verdadeiro apelo à sensibilização e à ação colectiva. Enquanto autora, a minha missão é proporcionar-lhe uma compreensão aprofundada dos riscos associados aos pesticidas. Cada capítulo aborda um aspeto específico desta questão complexa, desde os efeitos nocivos para a saúde até à degradação dos nossos ecossistemas. A minha esperança é que seja capaz de compreender a dimensão destas questões e as implicações que têm na nossa vida quotidiana.

Ao mesmo tempo, é igualmente importante apresentar soluções práticas para mitigar esses riscos. Este livro propõe alternativas viáveis aos pesticidas químicos, bem como práticas agrícolas sustentáveis que respeitam a nossa saúde e o nosso ambiente. Pretendi que cada secção fosse enriquecedora e prática, oferecendo conselhos e estratégias que cada leitor pode aplicar, quer seja um agricultor, um consumidor empenhado ou simplesmente um curioso para compreender melhor este assunto.

É fundamental reconhecer que a mudança não pode ser alcançada sem uma colaboração ativa entre todos os intervenientes na cadeia alimentar. Este livro dirige-se a todos: agricultores, decisores políticos, investigadores e consumidores. Juntos, temos a capacidade de transformar as nossas práticas agrícolas e promover métodos que protejam a nossa saúde e o nosso ambiente. Trata-se de um esforço coletivo que requer a participação de todos, porque os desafios que enfrentamos hoje exigem soluções inovadoras e partilhadas.

Por último, encorajo-o a abordar este livro com uma mente aberta e vontade de aprender. Cada capítulo foi concebido para o ajudar a navegar neste assunto complexo e incentivar o debate sobre o futuro da nossa agricultura. Se adoptarmos uma abordagem proactiva, podemos fazer a diferença e garantir um futuro saudável para as gerações vindouras. Obrigado pela leitura e vamos trabalhar juntos para uma mudança significativa e duradoura.

Com bondade,

Autor:
G.L/ABU
Supervisor, formador
e doutorando em
SST

-Introdução aos pesticidas

Os pesticidas são substâncias utilizadas para prevenir, repelir ou eliminar organismos nocivos que comprometem a saúde das culturas. Desempenham um papel crucial na agricultura moderna, ajudando a proteger as culturas e a aumentar a produtividade. No entanto, a sua utilização levanta questões importantes sobre a saúde humana e o ambiente, tornando necessário explorar em profundidade a sua natureza e impacto.

Imagem: iStock

Os pesticidas dividem-se em várias categorias, incluindo insecticidas, herbicidas, fungicidas e rodenticidas. Cada categoria visa um tipo específico de praga. Por exemplo, os insecticidas destinam-se a controlar as pragas de insectos, enquanto os herbicidas são utilizados para controlar as ervas daninhas. Esta especialização permite aos agricultores selecionar produtos adaptados às suas necessidades, mas também implica o risco de efeitos secundários indesejáveis.

Uma das maiores preocupações em relação aos pesticidas é o seu impacto na saúde humana. Numerosos estudos associaram a exposição aos pesticidas a uma série de problemas de saúde, desde perturbações neurológicas ao cancro. Os agricultores, em particular, são frequentemente os mais expostos, mas os resíduos de pesticidas podem também ser encontrados nos alimentos e na água, afectando toda a população. Por conseguinte, é essencial compreender não só os benefícios destes produtos, mas também as precauções a tomar para minimizar os riscos.

O impacto ambiental dos pesticidas é igualmente preocupante. A sua utilização pode levar à contaminação dos solos e da água, afectando não só a flora e a fauna, mas também os ecossistemas no seu conjunto. Os pesticidas podem perturbar as cadeias alimentares e levar ao declínio de certas espécies, contribuindo assim para a perda de biodiversidade. Este facto sublinha a importância de uma gestão sensata dos pesticidas para a proteção dos nossos recursos naturais.

Em resposta a estes desafios, foram introduzidos regulamentos para reger a utilização de pesticidas. Vários países adoptaram leis destinadas a limitar os riscos associados à sua aplicação, impondo normas de segurança e incentivando a utilização de métodos alternativos. Estes desenvolvimentos são cruciais para garantir que as práticas agrícolas respeitam tanto a saúde humana como o ambiente.

Por último, educar e sensibilizar os agricultores, os consumidores e o público em geral é essencial para promover a utilização responsável dos pesticidas. Ao compreender os riscos associados e ao explorar alternativas sustentáveis, todos podem contribuir para um futuro agrícola mais saudável e mais amigo do ambiente. Esta introdução prepara o terreno para uma discussão mais aprofundada das questões relacionadas com os pesticidas, salientando a necessidade de encontrar um equilíbrio entre a produtividade agrícola e a proteção da nossa saúde e do nosso planeta.

-História da utilização de pesticidas

A utilização de substâncias para proteger as culturas remonta a tempos antigos. As civilizações antigas, como os egípcios, utilizavam misturas naturais de plantas e minerais para repelir insectos nocivos. Por exemplo, as resinas e os extractos de plantas eram aplicados nas culturas para as proteger das pragas. Estes métodos tradicionais, embora rudimentares, testemunham uma consciência precoce da importância da proteção das culturas.

Ao longo dos séculos, com o advento da química moderna no século XIX, a industrialização levou à síntese de novos produtos químicos. Em 1867, foi introduzido no mercado o primeiro inseticida sintético, o sulfato de ferro. No entanto, foi na década de 1940, com a descoberta e comercialização do inseticida DDT (dicloro-difenil-tricloroetano), que a utilização de pesticidas explodiu verdadeiramente. O DDT foi amplamente utilizado para combater insectos transmissores de doenças, como a malária, e foi aclamado pela sua eficácia (Carson, 1962).

As décadas de 1960 e 1970 marcaram um período de crescente consciencialização dos riscos associados à utilização de pesticidas, particularmente após a publicação de "primavera Silenciosa" de Rachel Carson. Este livro salientou os perigos do DDT e de outros pesticidas para a vida selvagem e para a saúde humana, provocando uma reação mundial e dando início a movimentos ambientalistas (Carson, 1962). Os governos começaram a introduzir regulamentos para controlar a utilização de pesticidas, o que levou à proibição de certos produtos tóxicos.

Nas décadas que se seguiram, procuraram-se alternativas aos pesticidas químicos. Os métodos de gestão integrada de pragas (GIP), que combinam várias abordagens de gestão de pragas, foram desenvolvidos para reduzir a dependência de pesticidas. Esta abordagem visa utilizar predadores naturais, técnicas culturais e outros métodos para controlar as populações de pragas de uma forma mais sustentável (Gurr et al., 2016). No entanto, os pesticidas continuam a desempenhar um papel importante na agricultura moderna, especialmente nos países em desenvolvimento, onde os recursos para adotar métodos alternativos são limitados.

A ascensão da biotecnologia nos anos 90 também transformou o panorama dos pesticidas. O desenvolvimento de culturas geneticamente modificadas (GM) resistentes a pragas tornou possível reduzir a utilização de certos pesticidas, mantendo elevados rendimentos. No entanto, este desenvolvimento suscitou debates acesos sobre a segurança dos OGM e os seus impactos ambientais (Pardo et al., 2018). Subsistem preocupações quanto à resistência às pragas, à perda de biodiversidade e aos efeitos na saúde pública.

Atualmente, a utilização de pesticidas está sujeita a uma regulamentação rigorosa em muitos países, mas os desafios mantêm-se. As questões da sustentabilidade, da segurança alimentar e da proteção do ambiente continuam a estar no centro dos debates sobre a agricultura. Os cientistas e os decisores procuram encontrar um equilíbrio entre a necessidade de proteger as culturas e a necessidade de salvaguardar a saúde humana e o ambiente.

Em conclusão, a história da utilização de pesticidas é marcada por sucessos inegáveis em termos de proteção das culturas, mas também por desafios crescentes relacionados com o seu impacto na saúde e no ambiente. Estes desenvolvimentos sublinham a importância de uma abordagem ponderada e sustentável da gestão dos pesticidas, a fim de garantir um futuro agrícola que seja simultaneamente produtivo e respeitador do nosso planeta.

Referências

Carson, R. (1962). Silent Spring. Houghton Mifflin.

Gurr, G. M., Wratten, S. D., & Luna, J. M. (2016). Controlo biológico: uma perspetiva global. CABI.

Pardo, A., et al. (2018). "Impacto dos Organismos Geneticamente Modificados na Biodiversidade". Nature Sustainability, 1(1), 45-54.

-Tipos de pesticidas e como funcionam

Os pesticidas são uma categoria diversificada de substâncias químicas destinadas a controlar os organismos nocivos. Estão classificados em vários tipos, cada um com um alvo específico e um modo de ação particular. Esta diversidade permite aos agricultores escolher os produtos mais adequados para proteger as suas culturas, minimizando o impacto no ambiente.

1. Insecticidas

Os insecticidas são pesticidas destinados a eliminar ou controlar os insectos nocivos. Podem atuar por contacto, ingestão ou inalação, perturbando o sistema nervoso dos insectos. Os insecticidas mais utilizados são os organofosforados e os piretróides. Os organofosforados inibem enzimas essenciais ao metabolismo dos insectos, enquanto os piretróides imitam uma toxina natural que se encontra em certas flores (Matsumura, 1985). No entanto, a sua utilização excessiva conduziu a problemas de resistência em certas espécies de insectos, tornando necessária a procura de soluções alternativas.

Imagem: iStock

2. Herbicidas

Os herbicidas são utilizados para controlar as ervas daninhas, que podem competir com as culturas por nutrientes, água e luz. Geralmente, actuam perturbando os processos biológicos essenciais das plantas. Os herbicidas podem ser selectivos, visando apenas determinadas espécies de plantas, ou não selectivos, matando toda a vegetação a que são aplicados. Os glifosatos, por exemplo, inibem uma via metabólica específica presente apenas nas plantas e em certos microrganismos, o que os torna eficazes na eliminação de ervas daninhas e menos tóxicos para os animais (Dill et al., 2010).

3. Fungicidas

Os fungicidas são substâncias concebidas para combater os fungos patogénicos que podem causar doenças nas plantas. Funcionam inibindo o crescimento dos fungos ou matando-os diretamente. Os fungicidas podem ser sistémicos, movendo-se no interior da planta, ou de contacto, actuando apenas à superfície. Os triazóis e as estrobilurinas são duas classes de fungicidas normalmente utilizadas. Os triazóis inibem a biossíntese de esteróis, que são essenciais para as membranas celulares dos fungos, enquanto as estrobilurinas interferem com a respiração celular (Fravel, 2005).

4. Rodenticidas

Os rodenticidas são concebidos para controlar os roedores, que podem causar danos significativos às culturas e às infra-estruturas. Estas substâncias actuam geralmente perturbando funções biológicas essenciais, muitas vezes inibindo a coagulação do sangue ou afectando o sistema nervoso. Os anticoagulantes, como a bromadiolona, estão entre os rodenticidas mais utilizados, provocando hemorragias internas nos roedores após a sua ingestão (Mason et al., 2004).

5. Pesticidas biológicos

Os pesticidas biológicos, ou biopesticidas, incluem agentes de controlo biológico, como vírus, bactérias e fungos, que controlam naturalmente as populações de pragas. Oferecem uma alternativa menos tóxica aos pesticidas químicos e são frequentemente mais direcionados. Por exemplo, o Bacillus thuringiensis (Bt) é uma bactéria que produz toxinas específicas para os insectos, permitindo um controlo natural sem prejudicar outros organismos (Liu et al., 2005).

6. Pesticidas sistémicos e de contacto

Os pesticidas também podem ser classificados de acordo com o seu modo de ação. Os pesticidas sistémicos são absorvidos pelas plantas e transportados para os seus tecidos, oferecendo uma proteção prolongada contra as pragas. Em contrapartida, os pesticidas de contacto actuam apenas nas superfícies em que são aplicados, exigindo uma aplicação mais frequente para manter a eficácia. Compreender estas diferenças é essencial para que os pesticidas sejam aplicados de forma eficaz e responsável.

Em resumo, existem muitos tipos diferentes de pesticidas, cada um com mecanismos de ação específicos que visam diferentes pragas. Embora estas substâncias desempenhem um papel crucial na proteção das culturas, a sua utilização deve ser cuidadosamente gerida para minimizar o impacto na saúde humana e no ambiente. A investigação contínua sobre alternativas e métodos de gestão integrada é essencial para garantir uma agricultura sustentável.

Referências

Dill, G. M., et al. (2010). "Culturas resistentes ao glifosato: história, situação e futuro". Pest Management Science, 66(3), 307-318.
Fravel, D. R. (2005). "Comercialização do Biocontrolo". Annual Review of Phytopathology, 43, 341-356.
Liu, Y. B., et al (2005). "Bacillus thuringiensis: Uma fonte de proteínas insecticidas". Nature Biotechnology, 23(3), 289-293.
Matsumura, F. (1985). Toxicology of Insecticides. Plenum Press.
Mason, G. J., et al (2004). "Rodenticidas: uma revisão do seu uso e impacto". Wildlife Society Bulletin, 32(1), 92-96.

-Riscos para a saúde humana

A utilização de pesticidas na agricultura moderna tem suscitado preocupações crescentes quanto ao seu impacto na saúde humana. Embora estas substâncias sejam concebidas para atacar organismos nocivos, a sua aplicação pode ter efeitos indesejáveis na saúde dos trabalhadores agrícolas, dos consumidores e das pessoas que vivem perto das zonas tratadas. A compreensão destes riscos é essencial para promover uma utilização responsável e informar as políticas de segurança alimentar.

1. Exposição profissional

Os trabalhadores agrícolas são frequentemente os mais expostos aos pesticidas, devido ao contacto direto durante a aplicação, a mistura ou a armazenagem. A exposição pode ocorrer por inalação, contacto com a pele ou ingestão acidental. Estudos demonstraram que os agricultores expostos a insecticidas, herbicidas ou fungicidas têm um risco acrescido de desenvolver problemas de saúde, incluindo perturbações neurológicas, doenças respiratórias e cancro (Alavanja et al., 2003). A sensibilização e a formação em boas práticas de segurança são essenciais para minimizar estes riscos.

2. Efeitos a longo prazo na saúde

A exposição crónica a pesticidas é particularmente preocupante, uma vez que muitos dos efeitos nocivos podem não ser imediatamente visíveis. A investigação estabeleceu ligações entre a exposição a longo prazo a determinados pesticidas e doenças graves, como a doença de Parkinson, tipos específicos de cancro (como o linfoma não-Hodgkin) e perturbações endócrinas (Kamel et al., 2007). Estas doenças podem resultar de uma acumulação de pesticidas no organismo, o que sublinha a importância de um controlo permanente da saúde dos trabalhadores agrícolas.

3. Resíduos nos géneros alimentícios

Os resíduos de pesticidas podem também ser encontrados nos alimentos que consumimos, representando um risco para a saúde dos consumidores. Os níveis de resíduos são frequentemente regulamentados, mas existem preocupações quanto à segurança destes limites, especialmente quando os pesticidas são utilizados de forma intensiva. Estudos demonstraram que o consumo regular de frutas e legumes tratados com pesticidas pode ter efeitos cumulativos na saúde, particularmente em crianças e mulheres grávidas, que são mais sensíveis à desregulação endócrina (Bogdan et al., 2013).

4. Efeitos nas populações sensíveis

Certas populações, como as crianças, as mulheres grávidas e os idosos, são particularmente vulneráveis aos efeitos nocivos dos pesticidas. As crianças, devido ao seu metabolismo ainda em desenvolvimento e ao seu tamanho mais pequeno, são mais susceptíveis de sofrer efeitos nocivos mesmo com a exposição a níveis baixos de pesticidas. Estudos demonstraram que a exposição pré-natal a pesticidas está associada a efeitos neurológicos e comportamentais nas crianças (Raanan et al., 2015). Este facto sublinha a necessidade de uma regulamentação rigorosa e de uma avaliação dos riscos para proteger estes grupos vulneráveis.

5. Efeitos psicológicos

A exposição aos pesticidas não se limita aos efeitos fisiológicos; também pode ter consequências psicológicas. Estudos demonstraram que os trabalhadores agrícolas expostos a pesticidas desenvolvem frequentemente sintomas de depressão e ansiedade, que podem resultar de uma combinação de stress profissional e dos efeitos neurotóxicos dos pesticidas (Matsumura, 1985). A saúde mental dos trabalhadores agrícolas é um aspeto frequentemente negligenciado, mas crucial, que merece uma atenção especial.

6. Resistência e implicações para a saúde

A utilização repetida e intensiva de pesticidas também pode levar à resistência das pragas, resultando num aumento da utilização de produtos químicos mais potentes e potencialmente mais tóxicos para a saúde humana. Esta espiral de dependência de pesticidas coloca desafios não só para a saúde dos trabalhadores, mas também para a segurança alimentar global. O combate à resistência exige uma abordagem integrada, que combine diferentes métodos de controlo de pragas para reduzir a dependência de pesticidas químicos.

Por último, os riscos para a saúde humana associados à utilização de pesticidas são variados e complexos. Desde a exposição profissional aos resíduos alimentares, passando pelos efeitos em populações sensíveis, estas questões exigem uma atenção acrescida. A promoção de práticas agrícolas sustentáveis, o reforço da regulamentação e a sensibilização dos agricultores e consumidores são passos cruciais para proteger a saúde pública e garantir um futuro agrícola saudável.

Referências

Alavanja, M. C. R., et al. (2003). "Pesticides and Cancer" (Pesticidas e Cancro). Cancer Causes & Control, 14(2), 147-157.

Bogdan, A., et al. (2013). "Resíduos de Pesticidas nos Alimentos: Uma Revisão dos Riscos para a Saúde". Journal of Food Safety, 33(2), 203-215.
Kamel, F., et al. (2007). "Função Neurológica e Cognitiva em Trabalhadores Agrícolas". Environmental Health Perspectives, 115(1), 103-108.
Matsumura, F. (1985). Toxicology of Insecticides. Plenum Press.
Raanan, R., et al. (2015). "Exposição pré-natal a pesticidas e neurodesenvolvimento infantil". Environmental Health Perspectives, 123(9), 991-997.

-Riscos ambientais

A utilização de pesticidas na agricultura moderna apresenta riscos significativos para o ambiente, afectando não só a biodiversidade, mas também a qualidade do solo e da água. Embora estas substâncias sejam concebidas para proteger as culturas, o seu impacto nos ecossistemas é frequentemente complexo e pode ter consequências nefastas a longo prazo. A compreensão destes riscos é essencial para promover práticas agrícolas sustentáveis.

1. Contaminação do solo

Os pesticidas podem acumular-se no solo, afectando a sua saúde e fertilidade. Quando estes produtos químicos são aplicados, alguns deles podem ser absorvidos pelas plantas, mas outros podem infiltrar-se no solo e persistir. Este facto pode perturbar as comunidades microbianas essenciais para a decomposição da matéria orgânica e a fertilidade do solo. Estudos mostram que alguns pesticidas podem reduzir a diversidade microbiana, com implicações para a qualidade do solo e a sua capacidade de apoiar uma agricultura sustentável (Giller et al., 2009).

2. Poluição da água

A contaminação das águas superficiais e subterrâneas é outra grande preocupação associada à utilização de pesticidas. Quando chove, os pesticidas aplicados nas culturas podem ser arrastados para ribeiros, rios e lagos. Esta poluição aquática pode ter efeitos devastadores nos ecossistemas aquáticos, levando à morte de peixes e outros organismos aquáticos. Estudos efectuados detectaram resíduos de pesticidas em fontes de água potável, o que representa um risco para a saúde humana

(Gilliom et al., 2006).

3. *Impacto na biodiversidade*

A utilização de pesticidas pode levar a uma redução da biodiversidade, tanto em termos de espécies vegetais como animais. Os pesticidas não selectivos, que matam uma vasta gama de organismos, podem afetar os polinizadores, como as abelhas, bem como outros insectos benéficos. A perda de polinizadores tem consequências graves para a produção alimentar e a saúde dos ecossistemas (Potts et al., 2010). Além disso, o declínio das populações de insectos pode perturbar as cadeias alimentares, conduzindo a efeitos em cascata nos ecossistemas.

4. *Resistência às pragas*

A utilização repetida de pesticidas pode também levar à resistência das pragas, tornando os tratamentos menos eficazes e exigindo a aplicação de produtos químicos mais potentes ou mais tóxicos. Esta espiral de dependência dos pesticidas não só aumenta os riscos ambientais, como também pode comprometer a segurança alimentar. A resistência das pragas é um desafio crescente que exige uma abordagem integrada da gestão das pragas, combinando métodos biológicos e culturais para reduzir a dependência dos pesticidas químicos (Gurr et al., 2016).

5. *Efeitos na vida selvagem*

Os pesticidas podem ter efeitos nocivos na vida selvagem, nomeadamente nas aves, mamíferos e anfíbios. A exposição a pesticidas pode provocar problemas de reprodução, alterações de comportamento e mortalidade. Por exemplo, estudos demonstraram que certos insecticidas podem causar deformações nos anfíbios e afetar a reprodução das aves (Mineau e Whiteside, 2013). A redução das populações de animais selvagens também pode contribuir para a perda de biodiversidade e para o desequilíbrio dos ecossistemas.

Imagem : Freepik

6. Efeitos a longo prazo

Os efeitos a longo prazo da utilização de pesticidas no ambiente são frequentemente difíceis de avaliar. Os resíduos de pesticidas podem persistir no solo e na água durante anos, afectando a saúde dos ecossistemas muito depois de terem sido aplicados. Além disso, as interações complexas entre diferentes pesticidas e outros poluentes podem conduzir a efeitos sinérgicos, tornando difícil prever as consequências ambientais (Baker et al., 2013). Esta incerteza sublinha a importância de uma avaliação ambiental rigorosa antes da utilização de pesticidas.

Em suma, os riscos ambientais associados à utilização de pesticidas são numerosos e complexos. Desde a contaminação do solo e da água até ao impacto na biodiversidade e na vida selvagem, estas questões exigem uma atenção especial e uma gestão proactiva. A promoção de práticas agrícolas sustentáveis e o incentivo à investigação de alternativas aos pesticidas químicos são passos cruciais para proteger o nosso ambiente e garantir um futuro sustentável para a agricultura.

Referências

Baker, R., et al. (2013). "Efeitos ecológicos a longo prazo dos pesticidas". Environmental Science & Technology, 47(12), 6357-6369.

Gilliom, R. J., et al. (2006). "Pesticides in the Nation's Streams and Ground Water, 1992-2001". Circular 1291 do Serviço Geológico dos EUA.

Giller, K. E., et al. (2009). "Reducing Pesticide Use in Agriculture: A Review" [Reduzir a utilização de pesticidas na agricultura: uma análise]. Agriculture,

Ecosystems & Environment, 133(4), 243-251.
Gurr, G. M., Wratten, S. D., & Luna, J. M. (2016). Controlo biológico: uma perspetiva global. CABI.
Mineau, P., & Whiteside, M. (2013). "Risco de pesticidas para pássaros: uma revisão e avaliação das evidências". Environmental Pollution, 173, 229-231.
Potts, S. G., et al. 2010. "Global Pollinator Declines: Trends, Impacts and Drivers". Trends in Ecology & Evolution, 25(6), 345-353.

-Regulamentação e normas relativas aos pesticidas

A utilização de pesticidas está rigorosamente regulamentada em muitas partes do mundo, nomeadamente na Europa e nos Estados Unidos. Esta regulamentação tem por objetivo proteger a saúde humana, a vida selvagem e o ambiente, proporcionando simultaneamente aos agricultores o acesso a instrumentos eficazes de gestão das pragas. No entanto, as abordagens e as normas variam consideravelmente entre estas duas regiões.

1. Regulamentação na Europa

Na Europa, a regulamentação dos pesticidas é regida principalmente pelo Regulamento (CE) 1107/2009, que estabelece regras harmonizadas para a comercialização de produtos fitofarmacêuticos. O objetivo deste regulamento é garantir que apenas sejam autorizados pesticidas seguros e eficazes. A avaliação dos riscos é um processo rigoroso que tem em conta o impacto na saúde humana, no ambiente e na biodiversidade. Os países membros devem cumprir estas normas, mas também têm a possibilidade de adotar medidas mais rigorosas.

A Autoridade Europeia para a Segurança dos Alimentos (EFSA) desempenha um papel fundamental na avaliação dos pesticidas. Avalia os pedidos de autorização de comercialização e emite pareceres científicos sobre a segurança dos produtos. Para além disso, a legislação europeia impõe limites máximos de resíduos (LMR) nos alimentos e bebidas, garantindo que os níveis de pesticidas nos produtos alimentares não excedem os limiares considerados seguros (Comissão Europeia, 2019).

Outro aspeto importante da regulamentação europeia é a revisão periódica das autorizações de pesticidas. Isto significa que os produtos que já foram autorizados podem ser reavaliados à luz de novos dados científicos, permitindo que aqueles que são considerados obsoletos ou perigosos sejam eliminados. Além disso, a União Europeia proibiu a utilização de certos pesticidas, como os neonicotinóides, devido aos seus efeitos nocivos para os polinizadores (Comissão Europeia, 2018).

2. Regulamentos nos Estados Unidos

Nos Estados Unidos, a regulamentação dos pesticidas é regida principalmente pela Lei Federal dos Insecticidas, Fungicidas e Rodenticidas (FIFRA), administrada pela Agência de Proteção do Ambiente (EPA). A FIFRA exige que todos os pesticidas sejam registados na EPA antes de serem colocados no mercado. A EPA avalia os riscos potenciais para a saúde humana e o ambiente antes de conceder a aprovação. Esta avaliação inclui estudos sobre a exposição, a toxicidade e os efeitos a longo prazo (EPA, 2021).

A EPA também estabelece limites máximos de resíduos (LMR) para produtos alimentares, semelhantes aos da UE. No entanto, o processo de aprovação pode ser menos rigoroso do que na Europa. Além disso, alguns estados têm a capacidade de impor regulamentos mais rigorosos do que os da federação, o que pode criar disparidades na aplicação das normas em todo o país.

Um aspeto importante da regulamentação dos EUA é o Programa de Reavaliação de Pesticidas, que tem como objetivo garantir que os produtos permanecem seguros ao longo do tempo. A EPA reavalia regularmente os pesticidas para garantir que continuam a cumprir as normas de segurança. No entanto, esta reavaliação pode demorar vários anos, o que suscita preocupações quanto à rapidez com que os produtos potencialmente perigosos podem ser retirados do mercado.

3. Comparação de abordagens

A principal diferença entre as regulamentações da Europa e dos Estados Unidos reside no rigor dos procedimentos de avaliação e reavaliação dos pesticidas. A Europa adopta uma abordagem mais preventiva, com normas mais rigorosas para a autorização de pesticidas e uma tendência para proibir as substâncias consideradas perigosas. Nos Estados Unidos, pelo contrário, o processo de avaliação está mais centrado na gestão dos riscos, o que pode permitir que certos produtos permaneçam no mercado durante mais tempo, apesar de apresentarem problemas de segurança.

4. Impacto da regulamentação

A regulamentação sobre pesticidas tem um impacto significativo nas práticas agrícolas e na segurança alimentar. Na Europa, normas rigorosas conduziram a uma redução da utilização de pesticidas, incentivando os agricultores a adotar métodos alternativos e sustentáveis. Nos Estados Unidos, apesar de existirem regulamentos, a utilização de certos pesticidas continua a ser elevada, o que suscita preocupações quanto aos efeitos a longo prazo na saúde e no ambiente.

Em conclusão, a regulamentação e as normas relativas aos pesticidas na Europa e nos Estados Unidos reflectem filosofias diferentes de gestão dos riscos e de proteção do ambiente. Enquanto a Europa dá ênfase à prevenção e à proteção da saúde pública, os Estados Unidos adoptam uma abordagem mais centrada na análise de riscos. Ambas as regiões continuam a evoluir e a adaptar as suas regulamentações em resposta a novos dados científicos e às crescentes preocupações da sociedade relativamente à utilização de pesticidas.

Referências

Comissão Europeia. (2018). "Plano de Ação da UE para a Utilização Sustentável dos Pesticidas".

Comissão Europeia. (2019). "Regulamento (CE) n.º 1107/2009."

EPA. (2021). "Aviso de registo de pesticidas (PR)". Agência de Proteção Ambiental.

-Pesticidas e agricultura sustentável

A agricultura sustentável tem por objetivo satisfazer as necessidades alimentares da população atual sem comprometer os recursos para as gerações futuras. Baseia-se em práticas agrícolas que equilibram a produtividade, a proteção do ambiente e a saúde pública. Neste contexto, a utilização de pesticidas levanta questões cruciais. Embora estas substâncias sejam por vezes necessárias para proteger as culturas, a sua utilização deve ser repensada e integrada numa abordagem global da sustentabilidade.

1. A necessidade de uma gestão integrada das pragas

A Gestão Integrada das Pragas (GIP) é uma estratégia fundamental da agricultura sustentável. Combina vários métodos de controlo das pragas, incluindo os pesticidas, mas dá prioridade a soluções menos nocivas. A GIP baseia-se na observação das populações de pragas, na utilização de predadores naturais, na rotação de culturas e noutras práticas agronómicas para minimizar a dependência de pesticidas químicos. Esta abordagem reduz os impactes ambientais ao mesmo tempo que mantém a produtividade das culturas (Gurr et al., 2016).

Imagem: Pixabay

2. Alternativas aos pesticidas químicos

Uma das principais preocupações sobre a utilização de pesticidas é o seu impacto na saúde humana e no ambiente. Como parte de uma agricultura sustentável, é crucial promover alternativas aos pesticidas químicos. Os biopesticidas, por exemplo, são derivados de fontes naturais e são frequentemente menos tóxicos para a fauna, a flora e os seres humanos. Produtos como o Bacillus thuringiensis (Bt) e os extractos de plantas podem controlar eficazmente as pragas, reduzindo os riscos associados aos pesticidas sintéticos (Liu et al., 2005).

3. Melhoria das práticas de cultivo

A adoção de práticas agrícolas sustentáveis também pode reduzir a necessidade de utilizar pesticidas. Técnicas como a cultura de cobertura, a rotação de culturas e a agricultura de conservação ajudam a melhorar a saúde do solo e a resistência das culturas às pragas. Por exemplo, a rotação de culturas pode interromper o ciclo de vida das pragas, limitando a sua população e reduzindo a necessidade de tratamentos químicos. Estas práticas promovem uma agricultura mais equilibrada e menos dependente de factores de produção químicos (Giller et al., 2009).

4. Educação e sensibilização

A educação dos agricultores e dos consumidores é essencial para promover práticas agrícolas sustentáveis. Os agricultores precisam de receber formação sobre métodos de gestão integrada das pragas e alternativas aos pesticidas químicos. Do mesmo modo, os consumidores podem desempenhar um papel importante, escolhendo produtos provenientes de uma agricultura sustentável, o que incentiva os agricultores a adoptarem práticas menos nocivas. A sensibilização para o impacto dos pesticidas na saúde e no ambiente também pode incentivar um comportamento responsável por parte dos produtores e dos consumidores (Pretty et al., 2006).

5. Políticas e regulamentos

As políticas públicas desempenham um papel crucial na promoção da agricultura sustentável. Os governos podem incentivar a investigação e o desenvolvimento de práticas alternativas, ao mesmo tempo que adoptam regulamentos que limitam a utilização de pesticidas nocivos.

Por exemplo, os subsídios aos agricultores que adoptam práticas sustentáveis ou os incentivos fiscais à investigação sobre biopesticidas podem ajudar a reduzir a dependência dos pesticidas químicos. Além disso, a regulamentação rigorosa dos resíduos de pesticidas nos alimentos pode proteger a saúde pública e preservar o ambiente (Comissão Europeia, 2018).

6. Avaliação dos riscos e inovação

A inovação tecnológica é outro aspeto que pode apoiar a agricultura sustentável, reduzindo simultaneamente os riscos associados aos pesticidas. A utilização de tecnologias como a agricultura de precisão permite uma aplicação mais direcionada dos pesticidas, minimizando as quantidades necessárias e reduzindo os impactos ambientais. Além disso, a avaliação contínua dos riscos dos pesticidas e a integração de novos dados científicos são essenciais para adaptar as práticas agrícolas aos desafios actuais (Baker et al., 2013).

Em conclusão, a integração dos pesticidas numa abordagem agrícola sustentável exige uma análise aprofundada da sua utilização e do seu impacto. Privilegiando os métodos de gestão integrada das pragas, adoptando alternativas aos pesticidas químicos e pondo em prática políticas públicas favoráveis, é possível proteger tanto a produtividade agrícola como a saúde do nosso ambiente. A colaboração entre agricultores, consumidores e decisores é essencial para garantir um futuro agrícola sustentável, minimizando os riscos associados aos pesticidas e satisfazendo simultaneamente as necessidades alimentares crescentes da população mundial.

Referências

Baker, R., et al. (2013). "Efeitos ecológicos a longo prazo dos pesticidas". Environmental Science & Technology, 47(12), 6357-6369.

Comissão Europeia. (2018). "Plano de Ação da UE para a Utilização Sustentável dos Pesticidas".

Giller, K. E., et al. (2009). "Reducing Pesticide Use in Agriculture: A Review" [Reduzir a utilização de pesticidas na agricultura: uma análise]. Agriculture, Ecosystems & Environment, 133(4), 243-251.

Gurr, G. M., Wratten, S. D., & Luna, J. M. (2016). Controlo biológico: uma perspetiva global. CABI.

Liu, Y. B., et al (2005). "Bacillus thuringiensis: Uma fonte de proteínas insecticidas". Nature Biotechnology, 23(3), 289-293.

Pretty, J. N., et al. (2006). "Resource-Poor Farmer Livelihoods in Developing Countries" (Meios de subsistência dos agricultores pobres em recursos nos países em desenvolvimento). Agriculture, Ecosystems & Environment, 136(1), 1-9.

-Alternativas aos pesticidas químicos

A crescente preocupação com os efeitos nocivos dos pesticidas químicos na saúde humana e no ambiente levou à procura de soluções alternativas. Estas alternativas têm como objetivo reduzir a dependência dos produtos químicos, mantendo a produtividade agrícola. Apresentamos de seguida uma panorâmica das principais abordagens e métodos que podem substituir ou reduzir a utilização de pesticidas químicos.

1. Biopesticidas

Os biopesticidas são produtos derivados de fontes naturais, como plantas, bactérias ou fungos, que controlam as pragas sem os efeitos indesejáveis dos pesticidas químicos. Por exemplo, a Bacillus thuringiensis (Bt) é uma bactéria que produz toxinas específicas para os insectos, permitindo o controlo orientado das pragas e sendo menos prejudicial para outros organismos (Liu et al., 2005). Os extractos de plantas, como o óleo de neem, também podem atuar como insecticidas ou fungicidas naturais.

2. Controlo biológico

O controlo biológico envolve a utilização de organismos vivos para controlar as populações de pragas. Isto pode incluir a introdução de predadores naturais, parasitóides ou agentes patogénicos específicos que visam as pragas. Por exemplo, as joaninhas são frequentemente utilizadas para controlar as populações de pulgões. Este método baseia-se no equilíbrio natural dos ecossistemas e pode reduzir a necessidade de intervenções químicas (Gurr et al., 2016).

3. Métodos agronómicos

A adoção de práticas agrícolas melhoradas pode também reduzir a dependência dos pesticidas. Técnicas como a rotação de culturas, as culturas de cobertura e a agricultura de conservação ajudam a melhorar a saúde dos solos e a reduzir as populações de pragas. Por exemplo, a rotação de culturas limita a proliferação de pragas ao interromper o seu ciclo de vida. Do mesmo modo, as culturas de cobertura podem proporcionar habitats para os predadores naturais (Giller et al., 2009).

4. Criação de animais resistentes

O desenvolvimento de variedades de culturas resistentes às pragas é uma estratégia eficaz para reduzir a utilização de pesticidas. Graças à seleção genética ou à biotecnologia, é possível criar variedades de plantas menos susceptíveis a doenças e infestações. Este facto não só preserva as colheitas, como também reduz a necessidade de tratamentos químicos (Kearsey e Farquhar, 1998).

5. Técnicas de monitorização e previsão

A utilização de tecnologias modernas para monitorizar as populações de pragas e as condições ambientais também pode ajudar a reduzir a utilização de pesticidas. Os sistemas de monitorização integrados, que combinam dados sobre as populações de pragas com modelos climáticos, permitem aos agricultores tomar decisões informadas sobre quando e se devem aplicar tratamentos. Isto permite que os pesticidas sejam aplicados de uma forma mais direcionada e eficaz (Baker et al., 2013).

6. Utilização de pesticidas sistémicos e de contacto

Quando a utilização de pesticidas é inevitável, a escolha de produtos menos nocivos é crucial. Os pesticidas sistémicos, que penetram na planta, podem por vezes ser aplicados em doses mais baixas do que os produtos de contacto. Além disso, o desenvolvimento de formulações menos tóxicas e mais direcionadas pode ajudar a reduzir os impactos ambientais (Baker et al., 2013).

7. Sensibilização e educação

É essencial sensibilizar os agricultores e os consumidores para as alternativas aos pesticidas químicos. Os programas de formação podem ajudar os agricultores a adotar práticas integradas de gestão das pragas e a explorar alternativas viáveis. Ao mesmo tempo, os consumidores podem desempenhar um papel importante, apoiando práticas agrícolas sustentáveis e escolhendo produtos provenientes de uma agricultura responsável (Pretty et al., 2006).

Por último, existem muitas alternativas aos pesticidas químicos que podem contribuir para uma agricultura mais sustentável. Ao combinar métodos biológicos, agronómicos e tecnológicos, é possível reduzir os riscos associados à utilização de pesticidas, mantendo a produtividade agrícola. A colaboração entre agricultores, investigadores e decisores é essencial para promover estas alternativas e garantir um futuro agrícola sustentável.

Referências

Baker, R., et al. (2013). "Efeitos ecológicos a longo prazo dos pesticidas". Environmental Science & Technology, 47(12), 6357-6369.

Giller, K. E., et al. (2009). "Reducing Pesticide Use in Agriculture: A Review"

[Reduzir a utilização de pesticidas na agricultura: uma análise]. Agriculture, Ecosystems & Environment, 133(4), 243-251.
Gurr, G. M., Wratten, S. D., & Luna, J. M. (2016). Controlo biológico: uma perspetiva global. CABI.
Kearsey, M. J., & Farquhar, A. (1998). "The Use of Plant Breeding to Improve the Resistance of Crops to Disease." Journal of Agricultural Science, 130(4), 433-440.
Liu, Y. B., et al (2005). "Bacillus thuringiensis: Uma fonte de proteínas insecticidas". Nature Biotechnology, 23(3), 289-293.
Pretty, J. N., et al. (2006). "Resource-Poor Farmer Livelihoods in Developing Countries" (Meios de subsistência dos agricultores pobres em recursos nos países em desenvolvimento). Agriculture, Ecosystems & Environment, 136(1), 1-9.

-A importância da formação dos agricultores

A formação dos agricultores é essencial para promover práticas agrícolas sustentáveis e melhorar a produtividade, minimizando o impacto no ambiente e na saúde humana. Numa altura em que os desafios agrícolas se tornam cada vez mais complexos, uma formação adequada permite aos agricultores adaptarem-se às novas tecnologias, regulamentos e métodos de gestão integrada de pragas. Eis apenas algumas das razões pelas quais esta formação é tão importante.

1. Adoção de práticas sustentáveis
A formação permite que os agricultores compreendam e adoptem práticas agrícolas sustentáveis, como a cultura de cobertura, a rotação de culturas e a gestão integrada de pragas. Estes métodos promovem a saúde dos solos, reduzem a dependência de pesticidas químicos e melhoram a biodiversidade. Uma formação adequada ajuda os agricultores a aplicar estas práticas de forma eficaz, garantindo uma agricultura sustentável a longo prazo (Giller et al., 2009).

2. Sensibilização para os riscos
Um aspeto crucial da formação é a sensibilização para os riscos associados à utilização de pesticidas e outros produtos químicos. Os agricultores têm de estar conscientes dos efeitos potenciais na saúde humana e no ambiente. Uma formação adequada permite-lhes tomar decisões informadas sobre a utilização destes produtos, reduzindo assim os riscos para eles próprios, para as suas famílias e para os

consumidores (Alavanja et al., 2003).

3. Acesso às novas tecnologias

Com a rápida evolução das tecnologias agrícolas, é essencial que os agricultores recebam formação sobre os novos métodos e ferramentas disponíveis. Isto inclui a utilização de tecnologias de precisão, drones para monitorização das culturas e software de gestão de dados agrícolas. Com a formação correta, os agricultores podem maximizar a eficiência da produção e minimizar os custos (Baker et al., 2013).

4. Resposta às alterações climáticas

Os agricultores são cada vez mais confrontados com os desafios das alterações climáticas, como as secas, as inundações e as variações de temperatura. A formação contínua ajuda-os a compreender os impactos destas alterações e a desenvolver estratégias de adaptação, como a escolha de culturas resistentes ou a melhoria das técnicas de irrigação. Isto ajuda a garantir a segurança alimentar mesmo em condições climáticas difíceis (Pretty et al., 2006).

5. Gestão económica

A formação dos agricultores não se limita às práticas agrícolas. Inclui também competências de gestão financeira e de comercialização. Isto permite aos agricultores gerir melhor os seus recursos, otimizar os seus custos de produção e aumentar o seu rendimento. Uma boa gestão económica é essencial para garantir a viabilidade das explorações agrícolas (Kearsey e Farquhar, 1998).

6. Reforço das comunidades rurais

A formação dos agricultores contribui igualmente para reforçar as comunidades rurais. Ao promover a partilha de conhecimentos e experiências, incentiva a colaboração entre agricultores. Isto pode levar a iniciativas colectivas, como a criação de cooperativas, que melhoram o acesso aos mercados e reforçam o poder económico dos agricultores (Gurr et al., 2016).

7. Participação nas políticas agrícolas

Uma formação adequada dos agricultores permite-lhes compreender melhor as políticas e os regulamentos agrícolas em vigor. Isto ajuda-os a envolverem-se ativamente nas discussões sobre as decisões que os afectam diretamente. Uma participação informada pode levar a políticas mais adaptadas às necessidades dos agricultores e a práticas agrícolas sustentáveis (Comissão Europeia, 2018).

Em conclusão, a formação dos agricultores é um elemento-chave na promoção de uma agricultura sustentável e resiliente. Não só melhora a produtividade e a rentabilidade das explorações agrícolas, como também protege a saúde humana e o ambiente. Ao investir no ensino agrícola, podemos garantir um futuro sustentável para a agricultura e as comunidades rurais.

Referências

Alavanja, M. C. R., et al. (2003). "Pesticides and Cancer" (Pesticidas e Cancro). Cancer Causes & Control, 14(2), 147-157.

Baker, R., et al. (2013). "Efeitos ecológicos a longo prazo dos pesticidas". Environmental Science & Technology, 47(12), 6357-6369.

Comissão Europeia. (2018). "Plano de Ação da UE para a Utilização Sustentável dos Pesticidas".

Giller, K. E., et al. (2009). "Reducing Pesticide Use in Agriculture: A Review" [Reduzir a utilização de pesticidas na agricultura: uma análise]. Agriculture, Ecosystems & Environment, 133(4), 243-251.

Gurr, G. M., Wratten, S. D., & Luna, J. M. (2016). Controlo biológico: uma perspetiva global. CABI.

Kearsey, M. J., & Farquhar, A. (1998). "The Use of Plant Breeding to Improve the Resistance of Crops to Disease." Journal of Agricultural Science, 130(4), 433-440.

Pretty, J. N., et al. (2006). "Resource-Poor Farmer Livelihoods in Developing Countries" (Meios de subsistência dos agricultores pobres em recursos nos países em desenvolvimento). Agriculture, Ecosystems & Environment, 136(1), 1-9.

-Práticas integradas de gestão das pragas

A gestão integrada das pragas (GIP) é uma abordagem sustentável que combina diferentes estratégias para controlar as populações de pragas, minimizando a utilização de pesticidas químicos. Este método tem por objetivo reduzir os impactos ambientais e proteger a saúde humana, mantendo simultaneamente a produtividade agrícola. Eis um resumo das principais práticas de GIP.

1. Controlo e avaliação

A monitorização regular das culturas é essencial para identificar as populações de pragas e avaliar o seu impacto. Esta monitorização pode incluir a utilização de armadilhas, observações visuais e ferramentas digitais para rastrear infestações. Uma avaliação exacta pode determinar se é necessário tratamento, reduzindo a necessidade de aplicação preventiva de pesticidas (Baker et al., 2013).

2. Práticas agronómicas

Rotação de culturas: A alternância de culturas de uma estação para outra pode interromper o ciclo de vida das pragas, limitando o seu desenvolvimento.

-Culturas de cobertura: A utilização de culturas de cobertura pode ajudar a proteger o solo, melhorar a sua saúde e proporcionar um habitat para os predadores naturais de pragas.

-Gestão da fertilidade: Uma fertilização equilibrada promove plantas saudáveis e resistentes, tornando as culturas menos vulneráveis à infestação (Giller et al., 2009).

3. Controlo biológico

A introdução ou conservação de organismos naturais capazes de controlar as populações de pragas é uma prática fundamental. Isto inclui a utilização de predadores, parasitóides e agentes patogénicos. Por exemplo, as joaninhas podem controlar as populações de afídeos, enquanto certos fungos podem infetar as pragas de insectos (Gurr et al., 2016).

4. Utilização de biopesticidas

Os biopesticidas, derivados de fontes naturais, oferecem uma alternativa aos pesticidas químicos. São frequentemente menos tóxicos para o ambiente e podem visar especificamente determinadas pragas. Os exemplos incluem o Bacillus thuringiensis e extractos de plantas como o óleo de neem (Liu et al., 2005).

Imagem : Pixabay

5. *Métodos físicos e mecânicos*

Métodos como as barreiras físicas (redes, armadilhas) e a recolha manual de pragas podem ser eficazes para controlar as populações sem recorrer a produtos químicos. A utilização de técnicas como o calor ou o frio para eliminar os parasitas também pode ser considerada.

6. *Escolha das variedades*

O cultivo de variedades de plantas resistentes a pragas é uma estratégia eficaz para reduzir as infestações. A seleção de sementes adaptadas às condições locais e a ameaças específicas pode contribuir para uma maior resistência das culturas (Kearsey e Farquhar, 1998).

7. *Educação e sensibilização*

É fundamental formar os agricultores nos princípios e nas melhores práticas da gestão integrada de pragas. Isto permite-lhes tomar decisões informadas sobre o controlo de pragas e promove uma abordagem colaborativa da gestão de ameaças (Pretty et al., 2006).

8. *Avaliação dos riscos*

Uma abordagem baseada na avaliação dos riscos permite dar prioridade às intervenções de acordo com o impacto potencial das pragas nas culturas. Isto inclui a análise dos custos e benefícios das diferentes estratégias de controlo, conduzindo a decisões mais sustentáveis (Baker et al., 2013).

A gestão integrada das pragas é essencial para uma agricultura sustentável e resiliente. Combinando uma variedade de práticas, os agricultores podem controlar as pragas, minimizando o impacto no ambiente e na saúde humana. O empenhamento numa abordagem IRM exige uma colaboração contínua entre agricultores, investigadores e decisores políticos para garantir sistemas agrícolas sustentáveis.

Referências

Baker, R., et al. (2013). "Efeitos ecológicos a longo prazo dos pesticidas". Environmental Science & Technology, 47(12), 6357-6369.

Giller, K. E., et al. (2009). "Reducing Pesticide Use in Agriculture: A Review" [Reduzir a utilização de pesticidas na agricultura: uma análise]. Agriculture, Ecosystems & Environment, 133(4), 243-251.

Gurr, G. M., Wratten, S. D., & Luna, J. M. (2016). Controlo biológico: uma perspetiva global. CABI.

Kearsey, M. J., & Farquhar, A. (1998). "The Use of Plant Breeding to Improve the Resistance of Crops to Disease." Journal of Agricultural Science, 130(4), 433-440.

Liu, Y. B., et al (2005). "Bacillus thuringiensis: Uma fonte de proteínas insecticidas". Nature Biotechnology, 23(3), 289-293.

Pretty, J. N., et al. (2006). "Resource-Poor Farmer Livelihoods in Developing Countries" (Meios de subsistência dos agricultores pobres em recursos nos países em desenvolvimento). Agriculture, Ecosystems & Environment, 136(1), 1-9.

-O papel dos consumidores na redução dos danos

Os consumidores desempenham um papel crucial na redução dos riscos associados à utilização de pesticidas. O seu comportamento de compra, a sua sensibilização e o seu empenhamento podem influenciar as práticas agrícolas e as políticas públicas. Eis os principais aspectos do papel dos consumidores neste contexto.

1. Escolhas alimentares responsáveis

As escolhas alimentares dos consumidores têm um impacto direto nas práticas agrícolas. Ao privilegiarem os produtos biológicos ou os produtos provenientes de uma agricultura sustentável, os consumidores podem incentivar os agricultores a adoptarem métodos de cultivo menos dependentes de pesticidas químicos. Isto incentiva uma transição para práticas mais respeitadoras do ambiente (Pretty et al., 2006).

2. Sensibilização e educação

Os consumidores informados são mais susceptíveis de fazer escolhas informadas. A consciencialização dos riscos associados aos pesticidas e das alternativas disponíveis pode influenciar o comportamento de compra. As campanhas educativas podem ajudar a informar o público sobre os efeitos dos resíduos de pesticidas na saúde e no ambiente (Alavanja et al., 2003).

3. Pedido de transparência

Os consumidores estão a pressionar os produtores e os retalhistas para que forneçam informações sobre a origem dos alimentos e as práticas agrícolas utilizadas. A procura de transparência pode incentivar as empresas a adotar práticas mais sustentáveis e a reduzir a utilização de pesticidas. Os rótulos de certificação, como o biológico ou o comércio justo, desempenham um papel importante nesta dinâmica (Comissão Europeia, 2018).

4. Participação em iniciativas colectivas

Os consumidores podem também participar em iniciativas colectivas, como cooperativas alimentares ou sistemas de cabazes de produtos locais. Estas iniciativas incentivam a compra de produtos cultivados localmente e de forma sustentável, reduzindo a dependência de pesticidas químicos e apoiando a economia local (Giller et al., 2009).

5. Influência nas políticas públicas

Os consumidores têm o poder de influenciar as decisões políticas, participando em campanhas de sensibilização para uma regulamentação mais rigorosa dos pesticidas. Ao manifestarem as suas preocupações e apoiarem iniciativas para reduzir os riscos associados aos pesticidas, podem incentivar os governos a adoptarem políticas favoráveis à saúde pública e ao ambiente (Baker et al., 2013).

6. Adotar práticas sustentáveis em casa

Os consumidores podem também reduzir os riscos associados aos pesticidas adoptando práticas sustentáveis em casa. Estas incluem a jardinagem biológica, a utilização de métodos integrados de gestão de pragas e a redução da utilização de produtos químicos domésticos. Ao fazê-lo, contribuem para um ambiente mais saudável e incentivam práticas sustentáveis (Kearsey e Farquhar, 1998).

7. Participação em programas de investigação

Os consumidores podem envolver-se em programas de investigação e estudos de mercado sobre as preferências alimentares e os riscos associados aos pesticidas. A sua participação pode fornecer dados valiosos aos investigadores e aos decisores políticos, facilitando o desenvolvimento de soluções sustentáveis (Gurr et al., 2016).

Em conclusão, os consumidores desempenham um papel essencial na redução dos riscos associados aos pesticidas. Através das suas escolhas alimentares, da sua sensibilização, do seu envolvimento em iniciativas colectivas e da sua influência nas políticas públicas, podem incentivar práticas agrícolas mais sustentáveis. Ao encorajar a procura de produtos amigos do ambiente, os consumidores estão a contribuir para um sistema alimentar mais saudável e sustentável.

Referências

Alavanja, M. C. R., et al. (2003). "Pesticides and Cancer" (Pesticidas e Cancro). Cancer Causes & Control, 14(2), 147-157.

Baker, R., et al. (2013). "Efeitos ecológicos a longo prazo dos pesticidas". Environmental Science & Technology, 47(12), 6357-6369.

Comissão Europeia. (2018). "Plano de Ação da UE para a Utilização Sustentável dos Pesticidas".

Giller, K. E., et al. (2009). "Reducing Pesticide Use in Agriculture: A Review" [Reduzir a utilização de pesticidas na agricultura: uma análise]. Agriculture, Ecosystems & Environment, 133(4), 243-251.

Gurr, G. M., Wratten, S. D., & Luna, J. M. (2016). Controlo biológico: uma perspetiva global. CABI.

Kearsey, M. J., & Farquhar, A. (1998). "The Use of Plant Breeding to Improve the Resistance of Crops to Disease." Journal of Agricultural Science, 130(4), 433-440.

Pretty, J. N., et al. (2006). "Resource-Poor Farmer Livelihoods in Developing Countries" (Meios de subsistência dos agricultores pobres em recursos nos países em desenvolvimento). Agriculture, Ecosystems & Environment, 136(1), 1-9.

-Segurança na aplicação de pesticidas

A aplicação de pesticidas é uma prática comum na agricultura, mas envolve riscos para a saúde humana, o ambiente e a biodiversidade. A segurança durante a aplicação é, portanto, crucial para minimizar esses riscos. Eis algumas medidas e práticas importantes para garantir a segurança, com exemplos práticos.

1. Equipamento de proteção individual (EPI)

A utilização de equipamento de proteção individual é essencial para reduzir a exposição aos pesticidas. Isto inclui:

-Luvas: Proteger as mãos dos produtos químicos.

-Respiradores: Evitar a inalação de partículas ou vapores tóxicos.

-Óculos de proteção: Proteger os olhos dos salpicos.

-Vestuário comprido e impermeável: Reduz o contacto com a pele.

-Exemplo: Um agricultor que utilize um herbicida usará luvas de nitrilo, um respirador e óculos de proteção para evitar a exposição durante a aplicação.

2. Formação e sensibilização

A formação dos agricultores e dos trabalhadores agrícolas sobre a utilização segura dos pesticidas é essencial. Isto inclui :

-Ler e compreender os rótulos dos produtos.

-Conhecimento dos métodos de aplicação adequados.

-Compreender as medidas de emergência em caso de acidente.

-Exemplo: Os seminários organizados por agências governamentais podem aumentar a compreensão dos riscos e das práticas seguras, como a utilização correta dos pulverizadores.

3. Planeamento da aplicação

Ao planear a aplicação de pesticidas, é necessário ter em conta uma série de factores:

-Condições climatéricas: Evitar a aplicação em condições de vento ou chuva para reduzir a deriva e a lixiviação.

-Hora do dia: Aplicar de manhã cedo ou ao fim da tarde pode reduzir a exposição dos polinizadores.

Exemplo: Um agricultor pode decidir aplicar um inseticida na manhã de , quando as temperaturas são mais baixas e o vento está calmo, minimizando assim o risco de deriva.

4. Armazenamento seguro

Os pesticidas devem ser armazenados corretamente para evitar qualquer risco de exposição acidental. Isto inclui:

-Guardar num local fresco e seco, afastado de alimentos e animais.

-Utilizar recipientes adequados e rotulados.

-Exemplo: Um agricultor armazena os seus pesticidas numa sala fechada à chave, separada das áreas de trabalho e dos alimentos, para evitar o acesso de pessoas não autorizadas.

5. Eliminação de resíduos

Os resíduos de pesticidas devem ser geridos de forma segura para evitar a contaminação. Isto inclui:

-Os contentores vazios devem ser eliminados de acordo com os regulamentos locais.

-Reciclar as embalagens sempre que possível.

-Exemplo: Um agricultor participa num sistema local de recolha de resíduos de pesticidas, assegurando que os recipientes vazios são devidamente eliminados.

6. Controlo sanitário

É importante monitorizar a saúde dos trabalhadores expostos a pesticidas. Isto inclui:

Controlos médicos regulares.

-Monitorização de potenciais sintomas de exposição.

Exemplo: Uma exploração agrícola estabelece um programa de saúde para monitorizar os trabalhadores para detetar sinais de exposição, incluindo exames médicos anuais.

7. Utilização de tecnologias modernas

A adoção de tecnologias modernas também pode melhorar a segurança na aplicação de pesticidas. Estas tecnologias incluem:

Pulverizadores de baixa pressão: Reduzem a deriva.

-Sistemas GPS: ajudam a aplicar pesticidas de forma precisa e direcionada.

Exemplo: Um agricultor utiliza um pulverizador equipado com sensores para ajustar automaticamente a pressão e o volume, minimizando o risco de deriva e exposição.

A segurança na aplicação de pesticidas é essencial para proteger a saúde dos agricultores, dos trabalhadores e do ambiente. Através da aplicação de medidas de segurança adequadas, da promoção da formação e da utilização de tecnologias modernas, é possível reduzir os riscos associados à utilização destes produtos. Uma abordagem proactiva ajudará a garantir que a agricultura seja sustentável e segura.

Referências

Alavanja, M. C. R., et al. (2003). "Pesticides and Cancer" (Pesticidas e Cancro). Cancer Causes & Control, 14(2), 147-157.
Baker, R., et al. (2013). "Efeitos ecológicos a longo prazo dos pesticidas". Environmental Science & Technology, 47(12), 6357-6369.
Comissão Europeia. (2018). "Plano de Ação da UE para a Utilização Sustentável dos Pesticidas".
Giller, K. E., et al. (2009). "Reducing Pesticide Use in Agriculture: A Review" [Reduzir a utilização de pesticidas na agricultura: uma análise]. Agriculture, Ecosystems & Environment, 133(4), 243-251.

-Monitorização e avaliação de riscos

A monitorização e a avaliação dos riscos associados aos pesticidas são cruciais para a proteção da saúde humana, do ambiente e da biodiversidade. Estes processos permitem detetar problemas potenciais, avaliar o seu impacto e aplicar medidas corretivas. Apresentamos aqui uma panorâmica dos principais aspectos da monitorização e da avaliação dos riscos, bem como alguns exemplos práticos.

1. Controlo dos resíduos de pesticidas

A monitorização dos resíduos de pesticidas nos alimentos, na água e no solo é essencial para avaliar a exposição potencial dos consumidores e dos ecossistemas. Isto implica:

-Amostragem regular: recolha de amostras de produtos agrícolas, água e solo para análise.
Testes laboratoriais: Análises para detetar e quantificar resíduos de pesticidas.
-Exemplo: Na União Europeia, programas de controlo regulares

verificam a presença de resíduos de pesticidas em frutas e legumes. Os resultados são publicados e utilizados para informar os consumidores e ajustar a regulamentação.

2. Avaliação dos riscos para a saúde

A avaliação dos riscos para a saúde humana envolve a análise dos efeitos potenciais dos pesticidas nos trabalhadores agrícolas, nos consumidores e nas populações vizinhas. Isto inclui:

-Estudos epidemiológicos: análise de dados sobre a saúde das pessoas expostas a pesticidas.
Modelação dos riscos: utilização de modelos para prever os efeitos a longo prazo na saúde.
-Exemplo: Estudos demonstraram a existência de uma ligação entre a exposição a determinados pesticidas e problemas de saúde como o cancro ou perturbações neurológicas. Estes dados são utilizados para estabelecer limites de exposição e regulamentação.

3. Avaliação dos riscos ambientais

Esta avaliação incide sobre o impacto dos pesticidas nos ecossistemas, incluindo a fauna, a flora e os recursos hídricos. As etapas incluem :

-Análise de toxicidade: Testes para avaliar a toxicidade dos pesticidas em diferentes espécies.
-Estudos de impacto: Avaliação dos efeitos dos pesticidas na biodiversidade e nos habitats.
-Exemplo: Estudos sobre o impacto dos neonicotinóides revelaram efeitos nefastos para as populações de abelhas. Estes estudos conduziram a restrições à utilização destes produtos em certos países.

4. Sistemas de controlo participativo

A participação dos agricultores e das comunidades na monitorização pode melhorar a deteção de problemas relacionados com os pesticidas. Isto inclui:
Formação e sensibilização: educar os agricultores sobre os sinais de contaminação e as práticas de controlo.
-Recolha de dados na comunidade: Envolver os cidadãos nos programas

de recolha de dados sobre pesticidas.
-Exemplo: Os programas comunitários no Brasil permitiram aos agricultores comunicar casos de contaminação e avaliar o impacto dos pesticidas na sua saúde e nas suas culturas.

5. Aplicação de normas e regulamentos

Os resultados da monitorização e da avaliação dos riscos devem ser traduzidos em normas e regulamentos adequados para proteger a saúde pública e o ambiente. Isto pode incluir :

-Limites máximos de resíduos (LMR): Fixação de limiares para os resíduos de pesticidas nos géneros alimentícios.
-Proibição de certos produtos: retirada de pesticidas considerados demasiado perigosos.
-Exemplo: os regulamentos da UE impõem limites rigorosos aos resíduos de pesticidas nos produtos alimentares, ajudando a garantir a sua segurança para consumo.

6. Acompanhamento pós-comercialização

Após a introdução de novos pesticidas, a monitorização pós-comercialização é essencial para avaliar o seu impacto a longo prazo. Este controlo inclui :

-Monitorização contínua: Avaliação dos efeitos dos pesticidas na saúde e no ambiente depois de terem sido comercializados.
-Relatórios e ajustamentos : Revisão dos regulamentos com base nos dados recolhidos.
-Exemplo: Nos Estados Unidos, a Food and Drug Administration (FDA) e a Environmental Protection Agency (EPA) controlam o impacto dos pesticidas na saúde e no ambiente após a sua autorização, adaptando a regulamentação se necessário.

O controlo e a avaliação dos riscos associados aos pesticidas são instrumentos essenciais para garantir a segurança alimentar, proteger a saúde humana e preservar o ambiente. A criação de sistemas sólidos de controlo e avaliação permite detetar e gerir eficazmente os riscos associados à utilização de pesticidas.
Referências

Alavanja, M. C. R., et al. (2003). "Pesticides and Cancer" (Pesticidas e Cancro). Cancer Causes & Control, 14(2), 147-157.
Baker, R., et al. (2013). "Efeitos ecológicos a longo prazo dos pesticidas". Environmental Science & Technology, 47(12), 6357-6369.
Comissão Europeia. (2018). "Plano de Ação da UE para a Utilização Sustentável dos Pesticidas".
Giller, K. E., et al. (2009). "Reducing Pesticide Use in Agriculture: A Review" [Reduzir a utilização de pesticidas na agricultura: uma análise]. Agriculture, Ecosystems & Environment, 133(4), 243-251.

-Estudo de caso: Impacto dos pesticidas na saúde na Europa

A utilização de pesticidas na Europa está a dar origem a preocupações crescentes sobre o seu impacto na saúde humana. Esta análise examina diferentes aspectos dos efeitos dos pesticidas na saúde, centrando-se nos estudos e dados disponíveis na Europa.

Imagem : Pixabay

1. Antecedentes da utilização de pesticidas na Europa

A Europa é um dos maiores consumidores mundiais de pesticidas, com milhões de toneladas utilizadas todos os anos para proteger as culturas. Embora estes produtos químicos melhorem a produtividade agrícola, a sua utilização suscita preocupações quanto à segurança alimentar e à saúde pública.

2. Exposição a pesticidas

As pessoas podem ser expostas aos pesticidas de diferentes formas:

-Consumo alimentar: Os resíduos de pesticidas podem ser encontrados em frutas, legumes e outros géneros alimentícios.

-Exposição profissional: Os agricultores e os trabalhadores agrícolas são particularmente vulneráveis devido à sua utilização direta destes produtos.

-Contaminação ambiental: Os pesticidas podem contaminar o ar, a água e o solo, expondo as comunidades vizinhas.

3. Estudos epidemiológicos

Foram efectuados vários estudos epidemiológicos na Europa para avaliar os efeitos dos pesticidas na saúde. Eis alguns exemplos significativos:

Estudo de coorte AGRICAN: Este estudo realizado em França acompanhou agricultores e encontrou uma ligação entre a exposição a certos pesticidas, nomeadamente herbicidas, e um risco acrescido de cancro, em especial cancro da próstata e linfoma não-Hodgkin.

-Estudos em Espanha: A investigação demonstrou que os trabalhadores agrícolas expostos a pesticidas têm um risco acrescido de doenças neurológicas, incluindo doenças neurodegenerativas como a doença de Parkinson.

4. Resíduos de pesticidas nos alimentos

O controlo dos resíduos de pesticidas nos alimentos é crucial para avaliar a exposição dos consumidores. A Autoridade Europeia para a Segurança dos Alimentos (EFSA) publica regularmente relatórios sobre os níveis de resíduos nos produtos alimentares.

-Relatório 2021 da EFSA: De acordo com o relatório, cerca de 3,5% das amostras de alimentos analisadas na Europa excederam os limites máximos de resíduos (LMR) estabelecidos. Estes resultados suscitam preocupações quanto à segurança alimentar e à potencial exposição dos consumidores.

5. Efeitos na saúde

Os efeitos dos pesticidas na saúde humana podem ser variados:

-Cancros: Numerosos estudos sugerem uma ligação entre a exposição a pesticidas e um aumento da incidência de cancros, especialmente cancros

hematológicos.

-Distúrbios endócrinos: Alguns pesticidas são desreguladores endócrinos que podem afetar o sistema hormonal, conduzindo a problemas reprodutivos e de desenvolvimento.

Doenças neurológicas: A exposição a longo prazo a certos pesticidas, como os organofosforados, tem sido associada a deficiências cognitivas e a doenças neurodegenerativas.

6. Medidas regulamentares

Para reduzir os riscos associados aos pesticidas, a Europa introduziu uma série de regulamentos:

-Regulamento REACH: Este regulamento relativo ao registo, avaliação, autorização e restrição de substâncias químicas tem por objetivo proteger a saúde humana e o ambiente através da regulamentação da utilização de substâncias químicas, incluindo pesticidas.

-Estratégia "do prado ao prato": Apresentada no Pacto Ecológico Europeu, esta estratégia tem por objetivo reduzir a utilização de pesticidas em 50% até 2030, promovendo simultaneamente práticas agrícolas sustentáveis.

O impacto dos pesticidas na saúde na Europa é um assunto complexo que requer uma atenção permanente. Estudos epidemiológicos revelam ligações preocupantes entre a exposição a pesticidas e vários problemas de saúde, sublinhando a necessidade de regulamentação rigorosa e de práticas agrícolas sustentáveis. A sensibilização do público e a participação dos consumidores em escolhas alimentares mais seguras são também cruciais para reduzir os riscos associados aos pesticidas.

Referências

Autoridade Europeia para a Segurança dos Alimentos (EFSA). (2021). "Relatório Anual sobre Resíduos de Pesticidas nos Alimentos".

Giller, K. E., et al. (2009). "Reducing Pesticide Use in Agriculture: A Review" [Reduzir a utilização de pesticidas na agricultura: uma análise]. Agriculture, Ecosystems & Environment, 133(4), 243-251.

Alavanja, M. C. R., et al. (2003). "Pesticides and Cancer" (Pesticidas e Cancro). Cancer Causes & Control, 14(2), 147-157.

-Estudos de caso: iniciativas bem sucedidas de redução de pesticidas

A redução da utilização de pesticidas tornou-se um objetivo central em muitas partes do mundo, particularmente na Europa e nos Estados Unidos. Eis algumas iniciativas de sucesso que ilustram abordagens eficazes para reduzir a dependência dos pesticidas, mantendo a produtividade agrícola.

1. Iniciativa "Do prado ao prato" (Europa)
Contexto: No âmbito do Pacto Ecológico Europeu, a estratégia "Do prado ao prato" tem por objetivo tornar os sistemas alimentares europeus mais sustentáveis.
-Objectivos:

**Reduzir a utilização de pesticidas em 50% até 2030.*
**Promover a agricultura biológica.*
**Melhorar a sustentabilidade das práticas agrícolas.*
-Resultados :

**Países como a Dinamarca e os Países Baixos criaram programas de apoio aos agricultores para facilitar a transição para práticas menos dependentes de pesticidas.*
**Em 2021, os Países Baixos terão conseguido reduzir a utilização de pesticidas em 20% em relação aos anos anteriores, graças às práticas de gestão integrada das pragas e à adoção de tecnologias de precisão.*

2. Programa IPM (Integrated Pest Management) nos Estados Unidos
Antecedentes: O programa de gestão integrada das pragas (IPM) do Departamento de Agricultura dos Estados Unidos (USDA) incentiva os agricultores a utilizar uma combinação de estratégias para controlar as pragas.

-Objectivos:

**Reduzir a dependência de pesticidas químicos.*
**Promover a utilização de métodos de controlo biológico e de*

alternativas não químicas.

-Resultados :

**Estudos demonstraram que as explorações agrícolas que utilizam a GIP reduziram a utilização de pesticidas em 30-50%, mantendo rendimentos comparáveis.*
**Culturas como o algodão e o milho beneficiaram da proteção integrada, permitindo aos agricultores reduzir os custos e aumentar a sustentabilidade das suas práticas.*

3. Projeto "Abelhas e Pesticidas" em França

Contexto: Em resposta às preocupações com a saúde das abelhas, este projeto foi lançado para reduzir a utilização de pesticidas nocivos para os polinizadores.
-Objectivos:

**Sensibilizar os agricultores para o impacto dos pesticidas nas abelhas.*
**Promover alternativas aos pesticidas.*

-Resultados :

**Graças à formação e aos seminários, os agricultores participantes reduziram a sua utilização de pesticidas numa média de 40%.*
**O projeto conduziu igualmente a um aumento significativo das populações de abelhas nas zonas em causa.*

4. Iniciativa "Solos Saudáveis" da Califórnia (EUA)

Contexto: A Califórnia lançou a iniciativa "Solos Saudáveis" para promover práticas de gestão do solo que melhorem a saúde do ecossistema, reduzindo simultaneamente a dependência dos pesticidas.

-Objectivos:

**Incentivar práticas agrícolas sustentáveis que promovam a saúde dos solos.*
**Reduzir a utilização de pesticidas e fertilizantes químicos.*

-Resultados :

**Em 2020, cerca de 1 200 agricultores participaram em programas de formação e financiamento, o que resultou numa redução de 25% na utilização de pesticidas nas explorações agrícolas que participaram no programa.*
**Foram integradas práticas de cultura de cobertura e de rotação de culturas, melhorando a biodiversidade e a resiliência dos sistemas agrícolas.*

5. Programa de certificação biológica na Europa
Contexto: A certificação biológica na Europa impõe normas rigorosas sobre a utilização de pesticidas.

-Objectivos:

**Promover práticas agrícolas que não utilizem pesticidas químicos.*
**Incentivar os consumidores a escolherem produtos biológicos.*
-Resultados :
**O mercado de produtos biológicos na Europa tem crescido exponencialmente, atingindo mais de 40 mil milhões de euros até 2021.*
**Os agricultores biológicos comunicaram uma redução significativa da utilização de pesticidas, melhorando simultaneamente a qualidade do solo e da água.*

Estes estudos de caso ilustram como iniciativas direcionadas podem levar a uma redução significativa da utilização de pesticidas, mantendo a produtividade agrícola. O empenhamento dos agricultores, dos governos e dos consumidores é essencial para promover práticas sustentáveis e reduzir os riscos associados aos pesticidas. Ao partilhar estes sucessos, outras regiões podem inspirar-se e adotar estratégias semelhantes para um futuro agrícola mais sustentável.

Referências
Comissão Europeia. "Estratégia do Prado ao Prato".
USDA. "Princípios da Gestão Integrada de Pragas (IPM)".
Ministério da Agricultura e da Soberania Alimentar, França. "Projeto Abelhas e Pesticidas".
Departamento de Alimentação e Agricultura da Califórnia. "Iniciativa Solos

Saudáveis".
FiBL e IFOAM. "O Mundo da Agricultura Biológica".

-Técnicas de biocontrolo

O biocontrolo é uma abordagem à gestão das pragas que utiliza organismos vivos ou substâncias naturais para reduzir as populações de pragas. Este método está a ser cada vez mais adotado devido aos seus benefícios ecológicos e à sua capacidade de reduzir a dependência dos pesticidas químicos. As técnicas de biocontrolo podem assumir muitas formas, incluindo o controlo biológico, a utilização de substâncias naturais e a manipulação dos ecossistemas.

1. Controlo biológico
O controlo biológico consiste na introdução de predadores naturais, parasitóides ou agentes patogénicos para controlar as populações de pragas. Na Europa, por exemplo, a utilização de joaninhas (Hippodamia convergens) para controlar as populações de afídeos tornou-se comum. Estes insectos predadores alimentam-se dos afídeos, reduzindo o seu impacto nas culturas. Da mesma forma, nos Estados Unidos, a libertação de Trichogramma, um pequeno parasitoide de ovos de borboleta, é utilizada para gerir populações de pragas em culturas de milho e algodão.

Imagem : Pixabay

2. Utilização de microrganismos

Os microrganismos, como as bactérias e os fungos, são também utilizados no biocontrolo. Um exemplo bem conhecido é o Bacillus thuringiensis (Bt), uma bactéria que produz toxinas específicas contra certos insectos. Na Europa, o Bt é utilizado para controlar as lagartas de várias espécies, enquanto nos Estados Unidos é amplamente utilizado nas culturas de milho e algodão para controlar os insectos nocivos. Este método é particularmente popular porque visa especificamente as pragas, minimizando o impacto nos insectos benéficos.

3. Extractos de plantas

Os extractos de plantas, como o óleo de neem e o piretro, são outros instrumentos de biocontrolo. O óleo de neem, extraído das sementes da árvore de neem, é utilizado na Europa pelas suas propriedades insecticidas e antifúngicas. Actua perturbando o desenvolvimento e a reprodução dos insectos nocivos. Nos Estados Unidos, o piretro, um inseticida natural derivado das flores de crisântemo, é utilizado numa variedade de aplicações agrícolas e domésticas para controlar uma vasta gama de insectos.

4. Manuseamento de ecossistemas

A manipulação do ecossistema é outra técnica de biocontrolo. Esta pode incluir a criação de habitats favoráveis para os predadores naturais das pragas. Na Europa, por exemplo, os agricultores estão a adotar práticas de diversificação de culturas e de agro-silvicultura para incentivar a presença de insectos benéficos. Nos Estados Unidos, os programas de conservação da biodiversidade actuam para proteger os polinizadores e os predadores naturais, ajudando assim a regular as populações de pragas.

As técnicas de biocontrolo constituem uma alternativa promissora e sustentável à utilização de pesticidas químicos na agricultura. Ao integrar métodos naturais e promover a biodiversidade, o biocontrolo pode não só reduzir as populações de pragas como também melhorar a saúde dos ecossistemas agrícolas. A adoção crescente destas técnicas na Europa e nos Estados Unidos testemunha a sua eficácia e o seu potencial para transformar as práticas agrícolas no sentido de uma abordagem mais sustentável. Ao apoiar a investigação e a formação dos agricultores nestes métodos, é possível incentivar a sua utilização generalizada em todo o mundo.

-Educação e sensibilização do público

A educação e a sensibilização do público desempenham um papel essencial na redução dos riscos associados à utilização de pesticidas. Ao informar os consumidores, os agricultores e os decisores, é possível promover práticas agrícolas sustentáveis e proteger a saúde pública. Apresentamos de seguida uma panorâmica das iniciativas e abordagens implementadas na Europa e nos Estados Unidos.

1. Programas educativos nas escolas

A integração da educação sobre agricultura, ambiente e segurança alimentar nos currículos escolares é uma estratégia eficaz. Na Europa, iniciativas como o programa "Eco-Escolas" incentivam as escolas a sensibilizar para as questões ambientais, incluindo a utilização de pesticidas. Os alunos participam em projectos práticos, como a criação de hortas escolares, onde aprendem métodos de cultivo sustentáveis (Comissão Europeia, 2020).

2. Campanhas de sensibilização

São frequentemente realizadas campanhas de sensibilização específicas para informar o público em geral sobre os riscos associados aos pesticidas. Nos Estados Unidos, a Agência de Proteção Ambiental (EPA) lançou campanhas para sensibilizar os consumidores para os resíduos de pesticidas e para a importância de lavar as frutas e os legumes. Estas campanhas utilizam vários canais, incluindo as redes sociais, cartazes e brochuras, para chegar a um vasto público (EPA, 2021).

3. Formação dos agricultores

Os programas de formação para agricultores sobre práticas de gestão integrada das pragas (GIP) são cruciais. Em França, o Ministério da Agricultura oferece formação sobre a utilização responsável de pesticidas, incluindo sessões sobre biocontrolo e alternativas aos pesticidas químicos. Estes cursos ajudam os agricultores a reduzir a sua dependência de produtos químicos, mantendo a sua produtividade (Ministério da Agricultura, 2022).

4. Workshops e seminários comunitários

Workshops e seminários comunitários sensibilizam as populações locais para os perigos dos pesticidas e para as práticas sustentáveis. Por exemplo, na Alemanha, as organizações não governamentais (ONG) organizam eventos para informar os agricultores e os consumidores sobre os efeitos dos pesticidas na saúde e no ambiente. Estes eventos incluem apresentações de peritos e debates sobre alternativas práticas (BUND, 2021).

5. Utilização das redes sociais e das plataformas digitais

As redes sociais e as plataformas digitais tornaram-se ferramentas poderosas para sensibilizar o público. Em Espanha, foram realizadas campanhas nas redes sociais para promover os produtos biológicos e informar os consumidores sobre os riscos dos pesticidas. Estas campanhas utilizam vídeos, infografias e testemunhos para chamar a atenção para a importância de escolher alimentos sustentáveis (Ministerio de Agricultura, 2020).

6. Colaboração com universidades e centros de investigação

A colaboração entre universidades, centros de investigação e agricultores é essencial para a divulgação de conhecimentos sobre práticas agrícolas sustentáveis. Nos Estados Unidos, os programas de investigação da Universidade da Califórnia, Davis, centram-se no impacto dos pesticidas na saúde humana e no ambiente. Os resultados desta investigação são publicados e partilhados em conferências e workshops, ajudando a educar os agricultores e o público em geral (UC Davis, 2021).

7. Iniciativas de certificação e rotulagem

Os sistemas de certificação e rotulagem, como o rótulo biológico na Europa, desempenham um papel na educação dos consumidores. Ao informar o público sobre práticas agrícolas sustentáveis e a ausência de pesticidas químicos, estes rótulos ajudam os consumidores a fazer escolhas informadas. Por exemplo, o rótulo "EU Organic" garante que os produtos cumprem elevados padrões de sustentabilidade e segurança (Comissão Europeia, 2020).

A educação e a sensibilização do público são fundamentais para reduzir os riscos associados à utilização de pesticidas. Se nos concentrarmos em programas escolares, campanhas de sensibilização, formação para agricultores e iniciativas comunitárias, é possível promover práticas agrícolas sustentáveis e proteger a saúde pública. Exemplos da Europa e dos Estados Unidos mostram que estes esforços podem ter um impacto significativo no comportamento e nas atitudes relativamente à utilização de pesticidas.

Referências

BUND (2021). "Pesticidas - O que precisa de saber".

EPA (2021). "Resíduos de pesticidas e sua saúde".

Comissão Europeia (2020). "Eco-Escolas: uma iniciativa para escolas sustentáveis".

Ministerio de Agricultura (2020). "Campanhas de Sensibilização sobre Produtos Biológicos".

Ministério da Agricultura (2022). "Formação sobre a utilização responsável de pesticidas".

UC Davis (2021). "Investigação sobre Pesticidas e Saúde Pública".

-O Futuro dos Pesticidas: Inovação e Investigação

O futuro dos pesticidas está a ser transformado pelas inovações tecnológicas e pela investigação centrada na sustentabilidade. À medida que aumenta a pressão para reduzir a utilização de pesticidas químicos, estão a surgir novas abordagens e soluções para enfrentar os desafios agrícolas actuais. Aqui está um olhar detalhado sobre as tendências e inovações que estão a moldar o futuro dos pesticidas.

1. Pesticidas de inspiração biológica

Os pesticidas de inspiração biológica representam uma nova geração de produtos fitossanitários inspirados em mecanismos naturais. Estes produtos tiram partido de substâncias ou compostos naturais derivados de plantas e organismos para controlar as pragas. Por exemplo, os investigadores estão a desenvolver formulações baseadas em extractos de plantas que possuem propriedades insecticidas, reduzindo assim a dependência de pesticidas químicos (Isman, 2020).

2. Nanotecnologia

A nanotecnologia oferece possibilidades prometedoras para melhorar a eficácia dos pesticidas. As nanopartículas podem ser utilizadas para encapsular agentes activos, permitindo uma libertação controlada e orientada. Isto reduz a quantidade de pesticida necessária, melhorando simultaneamente a persistência e a eficácia do produto. Estudos mostram que a utilização de nanopesticidas pode reduzir as doses necessárias em 50 a 70% (Khan et al., 2020).

3. Controlo biológico avançado

A investigação sobre o controlo biológico continua a progredir, com a identificação de novos agentes de controlo biológico. Por exemplo, os parasitóides e os predadores naturais estão a ser estudados quanto à sua capacidade de gerir populações específicas de pragas. As tecnologias de reprodução em massa e de libertação orientada destes agentes estão a ajudar a otimizar a sua eficácia no terreno (Hajek et al., 2016).

4. Aplicações de precisão

As tecnologias de precisão, como os drones e os sensores, estão a revolucionar a aplicação de pesticidas. Estas ferramentas permitem monitorizar as culturas em tempo real e aplicar pesticidas de forma direcionada, reduzindo assim as quantidades utilizadas. Por exemplo, os sistemas de pulverização automatizados podem ajustar a quantidade de pesticida aplicada às necessidades específicas das plantas, minimizando o desperdício (Zhang et al., 2021).

5. Resistência aos pesticidas

A investigação está também a centrar-se na gestão da resistência aos pesticidas, um problema crescente na agricultura. Estratégias como a rotação de modos de ação e a utilização de misturas de pesticidas podem ajudar a atrasar o desenvolvimento de resistência nas pragas. Estudos mostram que a incorporação destas práticas nos sistemas de cultivo pode prolongar a eficácia dos pesticidas existentes (Gould, 2020).

6. Utilização de organismos geneticamente modificados (OGM)

Os OGM representam outra via para a inovação na gestão das pragas. As culturas geneticamente modificadas para resistir às pragas podem reduzir ou eliminar a necessidade de aplicar pesticidas. Por exemplo, o milho Bt produz uma proteína inseticida que protege as culturas contra certas espécies de pragas, levando a uma redução significativa das aplicações de pesticidas químicos (James, 2019).

7. Pesticidas sistémicos melhorados

Os pesticidas sistémicos, que são absorvidos pelas plantas e oferecem proteção interna, continuam a ser objeto de investigação para melhorar a sua eficácia e segurança. As inovações na formulação destes produtos podem torná-los mais direcionados e menos nocivos para os organismos não visados. Isto inclui o desenvolvimento de formulações que se degradam rapidamente no ambiente, reduzindo o risco de contaminação (Garrido et al., 2018).

8. Práticas de gestão integrada

A Gestão Integrada das Pragas (GIP) combina várias estratégias de controlo, incluindo a utilização de pesticidas, para gerir as populações de pragas de uma forma sustentável. Esta abordagem holística tem como objetivo reduzir a utilização de pesticidas químicos através da integração de métodos biológicos, culturais e mecânicos. Estudos mostram que sistemas de GIP bem concebidos podem reduzir a utilização de pesticidas em 30-50%, mantendo o rendimento das culturas (Weber et al., 2020).

*9. **Regulamentos e políticas***

A evolução da regulamentação e das políticas também desempenha um papel no futuro dos pesticidas. Os governos e as organizações internacionais estão a criar quadros para incentivar a utilização de práticas sustentáveis e a inovação na investigação sobre pesticidas. Por exemplo, a União Europeia adoptou políticas para reduzir a utilização de pesticidas químicos e promover alternativas sustentáveis (Comissão Europeia, 2021).

O futuro dos pesticidas é brilhante graças a uma combinação de inovação tecnológica, investigação aprofundada e abordagens sustentáveis. Os novos métodos, como os pesticidas de inspiração biológica, os nanopesticidas e a gestão integrada das pragas, oferecem soluções para reduzir a dependência dos produtos químicos e, ao mesmo tempo, manter a produtividade agrícola. À medida que a investigação progride e a regulamentação evolui, é essencial promover estas inovações para garantir um futuro agrícola sustentável.

Referências

Comissão Europeia. (2021). "Plano de Ação da UE para a Utilização Sustentável dos Pesticidas".

Garrido, F. et al. (2018). "Melhorar a segurança dos pesticidas sistémicos". Jornal da Ciência dos Pesticidas.

Gould, F. (2020). "Gestão Sustentável da Resistência aos Pesticidas". Revisão Anual de Entomologia.

Hajek, A. E. et al. (2016). "Controlo biológico: uma perspetiva global". CABI.

Isman, M. B. (2020). "Resistência a pesticidas e o futuro dos bioinseticidas". Bioquímica e Fisiologia de Pesticidas.

James, C. (2019). "Status global de culturas biotecnológicas / GM comercializadas". ISAAA.

Khan, Y. et al. (2020). "Nanopesticidas: uma nova abordagem para a agricultura sustentável". Ciências Agrícolas.

Weber, D. C. et al. (2020). "Gestão Integrada de Pragas: Uma Abordagem Sustentável". Ciência da Gestão de Pragas.

Zhang, Y. et al. (2021). "Tecnologias de agricultura de precisão para o manejo de pragas". Revista Agronomia.

-Recursos e ferramentas para os agricultores

Os agricultores de hoje têm acesso a uma multiplicidade de recursos e ferramentas que lhes permitem melhorar a sua produtividade e adotar práticas sustentáveis. Estes recursos vão desde tecnologias avançadas e formação prática a informações sobre regulamentos e acesso aos mercados. Segue-se um resumo pormenorizado destes recursos.

1. Tecnologias de precisão

As tecnologias de precisão, como os drones, os sensores e os sistemas de informação geográfica (SIG), permitem aos agricultores monitorizar as suas culturas de forma mais eficaz. Estas ferramentas fornecem dados em tempo real sobre a saúde das culturas, a humidade do solo e a presença de pragas. Por exemplo, os drones podem captar imagens multi-espectrais para detetar stress hídrico ou doenças, permitindo uma intervenção direcionada.

2. Sistemas de gestão agrícola

O software de gestão agrícola ajuda os agricultores a organizar e analisar os seus dados. Estes sistemas registam os rendimentos, os custos operacionais e as práticas de cultivo. Ferramentas como o FarmLogs ou o Ag Leader fornecem plataformas para a gestão das culturas, facilitando o planeamento e a otimização dos recursos.

3. Formação e workshops

Muitas organizações, incluindo agências governamentais e ONG, oferecem formação e workshops sobre práticas agrícolas sustentáveis e a utilização de novas ferramentas. Em França, por exemplo, as Câmaras de Agricultura oferecem sessões de formação sobre técnicas de gestão integrada de pragas (IPM) e agricultura de conservação.

Imagem : Pixabay

4. Recursos em linha

Os agricultores podem aceder a uma variedade de recursos em linha, incluindo sítios Web, fóruns e vídeos educativos. Plataformas como a Agro-écologie.info ou o sítio Web do Institut National de la Recherche Agronomique (INRA) em França oferecem informações sobre práticas sustentáveis, inovações e estudos de casos.

5. Subvenções e programas de assistência financeira

Muitos governos oferecem subsídios e programas de assistência financeira para incentivar práticas agrícolas sustentáveis. Estes programas podem ajudar os agricultores a investir em tecnologias ecológicas, práticas de conservação ou sistemas de biocontrolo. Por exemplo, o Programa de Desenvolvimento Rural (PAC) da União Europeia financia projectos de sustentabilidade na agricultura.

6. Redes de colaboração e parceria

As redes de colaboração permitem aos agricultores partilhar conhecimentos e recursos. Iniciativas como os grupos de agricultores e as cooperativas incentivam o intercâmbio de experiências e de boas práticas. Nos Estados Unidos, redes como a Sustainable Agriculture Research and Education (SARE) facilitam a troca de informações sobre técnicas sustentáveis.

7. ***Acesso aos mercados***

As plataformas em linha e as cooperativas oferecem aos agricultores acesso direto aos mercados locais e internacionais. Iniciativas como "La Ruche qui dit Oui!" em França permitem aos produtores vender diretamente aos consumidores, reforçando os canais de distribuição curtos e apoiando a agricultura local.

8. Ferramentas de comunicação

A comunicação é essencial para aumentar a sensibilização e partilhar informações. As aplicações móveis e as plataformas de comunicação, como o WhatsApp ou o Slack, são utilizadas pelos agricultores para trocar conselhos e informações sobre as condições meteorológicas, as tendências do mercado e as inovações.

9. ***Acesso aos dados climáticos***

Os dados climáticos desempenham um papel crucial no planeamento agrícola. Serviços como o METAR, ou aplicações como o PlantLink, fornecem boletins meteorológicos e previsões específicas para as culturas, ajudando os agricultores a tomar decisões informadas sobre a plantação, irrigação e colheita.

Os recursos e as ferramentas disponíveis para os agricultores estão em constante evolução, incentivando práticas agrícolas mais sustentáveis e eficientes. Integrando estas ferramentas tecnológicas, participando em cursos de formação e colaborando com outros agricultores, é possível melhorar a produtividade, minimizando o impacto ambiental. Estes recursos permitem que os agricultores se adaptem aos desafios actuais e contribuam para um futuro agrícola sustentável.

Importante saber:

01-Quais são as melhores práticas para utilizar eficazmente as redes de colaboração?

A utilização de redes de colaboração pode aumentar consideravelmente a produtividade, a inovação e a partilha de conhecimentos nas comunidades agrícolas e profissionais. Eis algumas das melhores práticas para tirar o máximo partido destas redes.

1. Definir objectivos claros
Antes de iniciar uma rede de colaboração, é essencial definir objectivos claros. Quer pretenda partilhar conhecimentos, resolver problemas específicos ou desenvolver projectos conjuntos, a definição de objectivos precisos orientará as suas interações e esforços.

2. Escolher a plataforma correta
Selecione uma plataforma de colaboração que satisfaça as necessidades do seu grupo. Ferramentas como o Slack, o Microsoft Teams ou fóruns específicos do sector podem facilitar a comunicação. Certifique-se de que a plataforma é acessível e intuitiva para todos os membros.

3. Incentivar a comunicação aberta
Promover uma cultura de comunicação aberta e respeitosa. Incentivar todos os membros a partilharem as suas ideias, a fazerem perguntas e a expressarem as suas preocupações. Uma comunicação transparente cria confiança e empenhamento no seio do grupo.

4. Partilhar responsabilidades
Numa rede de colaboração, é importante partilhar responsabilidades e tarefas. Cada membro deve ter um papel definido, o que ajuda a distribuir a carga de trabalho e a garantir que todos contribuem ativamente para o sucesso do grupo.

5. Organização de reuniões regulares
As reuniões regulares, quer sejam virtuais ou presenciais, ajudam a manter o empenhamento e a acompanhar os progressos. Além disso, proporcionam uma oportunidade para discutir questões importantes e resolver problemas em tempo real.

6. Utilização de ferramentas de gestão de projectos
Integre ferramentas de gestão de projectos como o Trello, Asana ou Monday.com para acompanhar as tarefas e os prazos. Estas ferramentas permitem-lhe visualizar os progressos e garantir que todos se mantêm alinhados com os objectivos.

7. Promover a partilha de conhecimentos
Incentivar os membros a partilharem as suas experiências, recursos e melhores práticas. Isto pode ser feito através de webinars, artigos ou apresentações. A partilha de conhecimentos enriquece a rede e incentiva a aprendizagem contínua.

8. Avaliar e ajustar
Avaliar regularmente a eficácia da rede e se os objectivos estão a ser atingidos. Procurar obter reacções dos membros e estar preparado para ajustar as estratégias e os métodos de trabalho em função das necessidades e dos resultados.

9. Criar um ambiente inclusivo
Certifique-se de que todos os membros se sentem incluídos e valorizados. Um ambiente diversificado e inclusivo incentiva perspectivas variadas e enriquece os debates. Incentive a participação de todos, independentemente das suas competências ou experiência.

10. Celebrar o sucesso
Não se esqueça de celebrar os êxitos, grandes ou pequenos. Reconhecer os contributos de todos e celebrar os êxitos aumenta a motivação e o empenho dos membros.

02-Como se avalia a eficácia de uma rede de colaboração?

A avaliação da eficácia de uma rede de colaboração é essencial para garantir que está a atingir os seus objectivos e para identificar as áreas a melhorar. Eis algumas abordagens e critérios a considerar ao efetuar esta avaliação.

1. Definição de indicadores de desempenho
Antes de avaliar a eficácia, é fundamental definir indicadores de desempenho claros e mensuráveis. Estes podem incluir :
Nível de empenhamento : Participação ativa dos membros, frequência das contribuições.
Realização dos objectivos: Medir se os objectivos iniciais foram

alcançados.
Qualidade da interação: Avaliar a qualidade dos debates e das trocas de ideias.

2. Recolha de feedback
Organizar inquéritos ou grupos de discussão para recolher a opinião dos membros sobre a sua experiência na rede. Fazer perguntas sobre :
Satisfação geral.
Perceção do valor acrescentado da rede.
Obstáculos encontrados e sugestões de melhoria.

3. Análise dos resultados concretos
Avaliar os resultados concretos da colaboração. Isto pode incluir:
Projectos concluídos: Número de projectos lançados e concluídos com êxito.
Produtos ou serviços desenvolvidos: Inovações ou melhorias introduzidas graças à colaboração.
Parcerias estabelecidas: Novas relações ou colaborações formadas no âmbito da rede.

4. Medir a partilha de conhecimentos
Avaliar os mecanismos de partilha de conhecimentos no âmbito da rede. Isto pode ser medido por :
O número de recursos partilhados (documentos, estudos de caso, etc.).
A frequência e a qualidade dos cursos de formação ou dos webinars organizados.
Utilização ativa de ferramentas de partilha de conhecimentos.

5. Acompanhamento das comunicações
Analisar a frequência e a qualidade das comunicações dentro da rede. Isto pode incluir:
O número de mensagens trocadas em plataformas de colaboração.
A diversidade dos temas abordados.
A capacidade de reação dos membros às perguntas e aos debates.

6. Avaliação das competências desenvolvidas
Avaliar se os membros adquiriram novas competências através da sua

participação na rede. Isto pode ser feito através de :
Autoavaliação dos membros sobre as suas competências.
Organizar testes ou avaliações após os cursos de formação.

7. Análise dos dados de participação
Utilizar dados quantitativos para analisar a participação. Isto pode incluir:
O número de pessoas que participam nas reuniões.
Taxa de retenção de membros ao longo do tempo.
A frequência do envolvimento dos membros activos.

8. Avaliação do impacto
Medir o impacto a longo prazo da rede sobre os membros e as comunidades que serve. Isto pode incluir:
Mudanças nas práticas profissionais.
Melhoria do desempenho dos projectos ou actividades dos membros.
O impacto económico ou social das iniciativas lançadas pela rede.

9. Publicações periódicas
Organizar revisões periódicas para avaliar os progressos efectuados pela rede. Estas revisões podem incluir :
Revisões trimestrais ou anuais.
Debates sobre os êxitos e os desafios encontrados.
Ajustar as estratégias de acordo com os resultados da avaliação.

03-Que métodos podem melhorar a partilha de conhecimentos na rede?
A partilha de conhecimentos é essencial para maximizar a eficácia e o impacto de uma rede de colaboração. Eis alguns métodos-chave que podem promover um ambiente propício à partilha de conhecimentos.

1. Plataformas de colaboração
A utilização de plataformas de colaboração adequadas (como o Slack, o Microsoft Teams ou o Trello) facilita a partilha de informações. Estas ferramentas permitem aos membros discutir, partilhar ficheiros e acompanhar projectos em tempo real, tornando o acesso ao conhecimento muito mais fácil.

2. Webinars e Workshops

A organização regular de webinars e workshops permite que os membros troquem ideias e aprendam uns com os outros. Estas sessões podem abordar tópicos específicos, partilhar estudos de casos ou contar com a participação de especialistas convidados, incentivando a interação e o envolvimento.

3. Biblioteca de recursos
Criar uma biblioteca de recursos centralizada, acessível a todos os membros, para armazenar documentos, estudos de casos, guias práticos e outros materiais úteis. Esta biblioteca pode ser organizada por temas para facilitar a procura de informações relevantes.

4. Mentoria e emparelhamento
A criação de programas de tutoria ou de emparelhamento incentiva a partilha de conhecimentos entre membros experientes e novos membros. Isto encoraja a aprendizagem informal e a transmissão de competências específicas, reforçando simultaneamente a coesão no seio da rede.

5. Grupos de discussão
A formação de grupos de discussão ou comités sobre temas específicos permite que os membros se concentrem em áreas de interesse comum. Estes grupos podem reunir-se regularmente para trocar ideias, resolver problemas e partilhar as melhores práticas.

6. Sistemas de reconhecimento
A criação de sistemas de reconhecimento para valorizar as contribuições para a partilha de conhecimentos incentiva os membros a participarem ativamente. Isto pode incluir prémios, menções especiais ou oportunidades de liderança dentro da rede.
7. Utilização das redes sociais
A utilização das redes sociais para partilhar conhecimentos, notícias e eventos permite-lhe chegar a um público mais vasto. A criação de grupos em plataformas como o LinkedIn ou o Facebook pode incentivar a interação e o envolvimento em torno de tópicos específicos.

8. Avaliação e feedback
Incentivar os membros a darem a sua opinião sobre os métodos de partilha de conhecimentos e a sugerirem melhorias ajuda a ajustar as

práticas de acordo com as necessidades do grupo. Podem ser organizados inquéritos regulares para recolher feedback.

9. Criar conteúdos em colaboração
Incentivar a criação de conteúdos colaborativos, como blogues ou boletins informativos, permite que os membros partilhem as suas experiências e conhecimentos. Isto cria uma cultura de partilha e dá a todos a oportunidade de contribuir.

10. Formação contínua
A oferta de oportunidades de formação contínua sobre temas relevantes ajuda os membros a manterem-se a par das tendências e inovações. Isto pode incluir cursos em linha, certificações ou conferências, promovendo o desenvolvimento de competências.

04-Como se pode avaliar a eficácia dos métodos de partilha de conhecimentos?

Avaliar a eficácia dos métodos de partilha de conhecimentos é crucial para garantir que eles satisfazem as necessidades dos membros da rede e contribuem para a realização dos objectivos. Eis uma série de abordagens e indicadores a considerar ao efetuar esta avaliação.

1. Definir objectivos claros
Antes de iniciar a avaliação, é importante definir objectivos claros para a partilha de conhecimentos. Estes podem incluir a melhoria da colaboração, o aumento do envolvimento dos membros ou a divulgação de informações específicas.
2. Recolha de feedback
Organizar inquéritos ou grupos de reflexão para recolher as reacções dos membros sobre os métodos utilizados. Fazer perguntas sobre :
A sua satisfação com os formatos de partilha (webinars, documentos, etc.).
A utilidade da informação partilhada.
Obstáculos à partilha de conhecimentos.

3. Medir o empenhamento

Analisar o nível de envolvimento dos membros com plataformas e recursos de partilha. Isto pode incluir:
O número de participantes em webinars e workshops.
Taxas de abertura e de cliques em boletins informativos ou comunicações por correio eletrónico.
A frequência das contribuições nas plataformas de colaboração.

4. Avaliar a qualidade das interações
Medir a qualidade das interações na rede. Isto pode ser feito examinando :
A profundidade dos debates em fóruns ou grupos de discussão.
A diversidade dos temas abordados.
Capacidade de resposta dos deputados às perguntas e comentários.

5. Análise dos resultados concretos
Avaliar os resultados concretos da partilha de conhecimentos. Por exemplo, ver se :
Graças às informações partilhadas, foram lançados novos projectos.
Foram observadas melhorias nas práticas dos membros.
Foram estabelecidas colaborações e parcerias na sequência destes intercâmbios.
6. Competências de monitorização desenvolvidas
Avaliar se os membros adquiriram novas competências em resultado dos métodos de partilha. Isto pode ser feito através de :
Auto-avaliações dos membros antes e depois dos cursos de formação ou seminários.
Organizar testes ou avaliações para medir a aprendizagem.

7. Avaliação do impacto a longo prazo
Medir o impacto a longo prazo dos métodos de partilha de conhecimentos nas práticas dos membros. Isto pode incluir:
Alterações observadas nos resultados ou no desempenho do projeto.
A sustentabilidade das colaborações estabelecidas através da partilha de conhecimentos.
O impacto económico ou social das iniciativas lançadas.

8. Revisões periódicas

Organizar avaliações regulares para analisar os métodos de partilha de conhecimentos. Isto pode incluir:
Revisões trimestrais ou anuais.
Debates sobre os êxitos e os desafios encontrados.
Ajustar as estratégias de acordo com os resultados da avaliação.

9. Comparação com normas ou melhores práticas
Compare os seus métodos de partilha de conhecimentos com as normas ou melhores práticas da indústria. Isto pode ajudar a identificar lacunas e áreas a melhorar.

A avaliação da eficácia dos métodos de partilha de conhecimentos exige uma abordagem sistemática e multidimensional. Utilizando uma combinação de indicadores qualitativos e quantitativos, e envolvendo os membros no processo, é possível obter uma visão global do desempenho dos métodos e identificar oportunidades de melhoria.

-Conclusão: Para uma utilização responsável dos pesticidas

A utilização responsável de pesticidas tornou-se uma questão crucial no atual contexto da agricultura mundial. Perante os desafios crescentes da segurança alimentar, da saúde pública e da preservação do ambiente, é imperativo adotar práticas que minimizem os riscos associados a estes produtos. É essencial sensibilizar os agricultores e os consumidores para os efeitos dos pesticidas. Uma melhor compreensão dos perigos potenciais pode levar a uma utilização mais prudente e informada.

Métodos alternativos, como a proteção integrada, oferecem soluções sustentáveis que reduzem a dependência dos pesticidas químicos. Ao integrar estratégias biológicas, culturais e mecânicas, os agricultores podem gerir eficazmente as pragas, preservando simultaneamente a saúde das suas culturas e o ambiente. Além disso, a adoção de pesticidas biológicos e de formulações menos tóxicas é uma forma promissora de reduzir o impacto negativo na saúde humana e na biodiversidade.

Imagem : Notre Temps.com

A inovação tecnológica também desempenha um papel fundamental na promoção da utilização responsável dos pesticidas. Ferramentas de precisão, como drones e sensores, permitem aos agricultores aplicar pesticidas de forma direcionada, minimizando o desperdício e reduzindo o risco de contaminação do solo e da água. Ao fornecer dados em tempo real sobre as necessidades das culturas, estas tecnologias ajudam a otimizar as intervenções e a melhorar a eficiência.

As políticas públicas e a regulamentação devem apoiar estas mudanças, incentivando práticas sustentáveis e limitando a utilização dos produtos mais nocivos. O estabelecimento de normas rigorosas para o registo e utilização de pesticidas é essencial para proteger a saúde pública e o ambiente. Para tal, é necessária a colaboração entre governos, cientistas e agricultores para estabelecer diretrizes claras e acessíveis.

A formação dos agricultores é outro elemento fundamental para garantir a utilização responsável dos pesticidas. É necessário criar programas educativos para informar os agricultores sobre as alternativas, as boas práticas de aplicação e os riscos associados. O intercâmbio de experiências e conhecimentos no âmbito de redes de colaboração pode reforçar esta formação e incentivar a adoção de métodos mais sustentáveis.

É também essencial envolver os consumidores nesta abordagem. A sensibilização para os efeitos dos pesticidas e para os benefícios dos produtos cultivados de forma sustentável pode influenciar as escolhas de compra e incentivar os agricultores a adoptarem práticas mais responsáveis. Os rótulos biológicos e as iniciativas de cadeias de abastecimento curtas podem também desempenhar um papel importante neste processo.

A investigação em curso é essencial para desenvolver novas soluções e alternativas aos pesticidas químicos. O investimento na investigação sobre biopesticidas, variedades resistentes e práticas agrícolas inovadoras pode abrir novas perspectivas para uma agricultura sustentável. Os resultados desta investigação devem ser divulgados e incorporados nas práticas agrícolas para maximizar o seu impacto.

Por último, a colaboração internacional é essencial se quisermos enfrentar os desafios globais colocados pela utilização de pesticidas. O intercâmbio de conhecimentos, as melhores práticas e as inovações devem ser partilhados além-fronteiras para incentivar uma abordagem colectiva destas questões. A cooperação entre os países, as organizações internacionais e os intervenientes no sector agrícola é fundamental para reforçar as capacidades e promover uma agricultura responsável à escala mundial.

Em conclusão, a utilização responsável de pesticidas exige uma combinação de sensibilização, formação, inovação tecnológica, regulamentação e colaboração. Todos os actores, desde os agricultores aos consumidores e aos decisores, têm um papel a desempenhar para garantir uma agricultura sustentável que respeite a saúde humana e o ambiente. Ao adotar estas abordagens, é possível criar um sistema agrícola que não só satisfaça as necessidades alimentares crescentes, como também preserve o nosso planeta para as gerações futuras.

Fontes e referências bibliográficas

Carson, R. (1962). Silent Spring. Houghton Mifflin.
Gurr, G. M., Wratten, S. D., & Luna, J. M. (2016). Controlo biológico: uma perspetiva global. CABI.
Pardo, A., et al. (2018). "Impacto dos Organismos Geneticamente Modificados na Biodiversidade". Nature Sustainability, 1(1), 45-54.
Dill, G. M., et al. (2010). "Culturas resistentes ao glifosato: história, situação e futuro". Pest
Management Science, 66(3), 307-318.
Fravel, D. R. (2005). "Comercialização do Biocontrolo". Annual Review of Phytopathology,
43, 341-356.
Liu, Y. B., et al. (2005). "Bacillus thuringiensis: Uma fonte de proteínas inseticidas". Nature
Biotechnology, 23(3), 289-293.
Matsumura, F. (1985). Toxicology of Insecticides. Plenum Press.
Mason, G. J., et al (2004). "Rodenticides: A Review of Their Use and Impact." Wildlife Society Bulletin, 32(1), 92-96.
Alavanja, M. C. R., et al. (2003). "Pesticides and Cancer" (Pesticidas e Cancro). Cancer Causes & Control, 14(2),
147-157.
Bogdan, A., et al. (2013). "Resíduos de pesticidas nos alimentos: uma revisão dos riscos para a saúde". Journal
of Food Safety, 33(2), 203-215.
Kamel, F., et al. (2007). "Neurologic and Cognitive Function in Agricultural Workers."
Environmental Health Perspectives, 115(1), 103-108.
Matsumura, F. (1985). Toxicology of Insecticides. Plenum Press.
Raanan, R., et al. (2015). "Exposição pré-natal a pesticidas e neurodesenvolvimento infantil".
Environmental Health Perspectives, 123(9), 991-997.
Baker, R., et al. (2013). "Efeitos ecológicos de longo prazo dos pesticidas". Environmental Science
& Technology, 47(12), 6357-6369.
Gilliom, R. J., et al. (2006). "Pesticides in the Nation's Streams and Ground Water, 1992-
2001." US Geological Survey Circular 1291.
Giller, K. E., et al. (2009). "Reducing Pesticide Use in Agriculture: A Review". Agriculture,

Ecosystems & Environment, 133(4), 243-251.
Gurr, G. M., Wratten, S. D., & Luna, J. M. (2016). Controlo biológico: uma perspetiva global.
CABI.
Mineau, P., & Whiteside, M. (2013). "Risco de pesticidas para as aves: uma revisão e avaliação do
Evidence". Environmental Pollution, 173, 229-231.
Potts, S. G., et al. (2010). "Global Pollinator Declines: Trends, Impacts and Drivers." Trends in
Ecology & Evolution, 25(6), 345-353.
Comissão Europeia. (2018). "Plano de Ação da UE para a Utilização Sustentável dos Pesticidas".
Comissão Europeia. (2019). "Regulamento (CE) n.º 1107/2009."
EPA. (2021). "Aviso de Registo de Pesticidas (PR)". Agência de Proteção do Ambiente.
Baker, R., et al. (2013). "Efeitos ecológicos de longo prazo dos pesticidas". Environmental Science
& Technology, 47(12), 6357-6369.
Comissão Europeia. (2018). "Plano de Ação da UE para a Utilização Sustentável dos Pesticidas".
Giller, K. E., et al. (2009). "Reduzir a utilização de pesticidas na agricultura: uma análise". Agriculture,
Ecosystems & Environment, 133(4), 243-251.
Gurr, G. M., Wratten, S. D., & Luna, J. M. (2016). Controlo biológico: uma perspetiva global.
CABI.
Liu, Y. B., et al. (2005). "Bacillus thuringiensis: uma fonte de proteínas inseticidas". Nature
Biotechnology, 23(3), 289-293.
Pretty, J. N., et al. (2006). "Resource-Poor Farmer Livelihoods in Developing Countries" [Meios de subsistência dos agricultores pobres em recursos nos países em desenvolvimento].
Agriculture, Ecosystems & Environment, 136(1), 1-9.
Alavanja, M. C. R., et al. (2003). "Pesticides and Cancer" (Pesticidas e Cancro). Cancer Causes & Control, 14(2),
147-157.
Baker, R., et al. (2013). "Efeitos ecológicos de longo prazo dos pesticidas". Environmental Science
& Technology, 47(12), 6357-6369.
Comissão Europeia. (2018). "Plano de Ação da UE para a Utilização Sustentável dos Pesticidas".
Giller, K. E., et al. (2009). "Reduzir a utilização de pesticidas na agricultura: uma análise". Agriculture,
Ecosystems & Environment, 133(4), 243-251.

Gurr, G. M., Wratten, S. D., & Luna, J. M. (2016). Controlo biológico: uma perspetiva global.
CABI.
Kearsey, M. J., & Farquhar, A. (1998). "O uso de melhoramento de plantas para melhorar a resistência
of Crops to Disease". Journal of Agricultural Science, 130(4), 433-440.
Pretty, J. N., et al. (2006). "Resource-Poor Farmer Livelihoods in Developing Countries" [Meios de subsistência dos agricultores pobres em recursos nos países em desenvolvimento].
Agriculture, Ecosystems & Environment, 136(1), 1-9.
Baker, R., et al. (2013). "Efeitos ecológicos de longo prazo dos pesticidas". Environmental Science
& Technology, 47(12), 6357-6369.
Giller, K. E., et al. (2009). "Reduzindo o uso de pesticidas na agricultura: uma revisão". Agriculture,
Ecosystems & Environment, 133(4), 243-251.
Gurr, G. M., Wratten, S. D., & Luna, J. M. (2016). Controlo biológico: uma perspetiva global.
CABI.
Kearsey, M. J., & Farquhar, A. (1998). "O uso de melhoramento de plantas para melhorar a resistência
of Crops to Disease". Journal of Agricultural Science, 130(4), 433-440.
Liu, Y. B., et al. (2005). "Bacillus thuringiensis: Uma fonte de proteínas insecticidas". Nature
Biotechnology, 23(3), 289-293.
Pretty, J. N., et al. (2006). "Resource-Poor Farmer Livelihoods in Developing Countries" [Meios de subsistência dos agricultores pobres em recursos nos países em desenvolvimento].
Agriculture, Ecosystems & Environment, 136(1), 1-9.
Alavanja, M. C. R., et al. (2003). "Pesticides and Cancer" (Pesticidas e Cancro). Cancer Causes & Control, 14(2),
147-157.
Baker, R., et al. (2013). "Efeitos ecológicos de longo prazo dos pesticidas". Environmental Science
& Technology, 47(12), 6357-6369.
Comissão Europeia. (2018). "Plano de Ação da UE para a Utilização Sustentável dos Pesticidas".
Giller, K. E., et al. (2009). "Reduzir a utilização de pesticidas na agricultura: uma análise". Agriculture,
Ecosystems & Environment, 133(4), 243-251.
Gurr, G. M., Wratten, S. D., & Luna, J. M. (2016). Controlo biológico: uma perspetiva global.
CABI.
32

Kearsey, M. J., & Farquhar, A. (1998). "O uso de melhoramento de plantas para melhorar a resistência of Crops to Disease". Journal of Agricultural Science, 130(4), 433-440.
Pretty, J. N., et al. (2006). "Resource-Poor Farmer Livelihoods in Developing Countries" [Meios de subsistência dos agricultores pobres em recursos nos países em desenvolvimento]. Agriculture, Ecosystems & Environment, 136(1), 1-9.
Alavanja, M. C. R., et al. (2003). "Pesticides and Cancer" (Pesticidas e Cancro). Cancer Causes & Control, 14(2), 147-157.
Baker, R., et al. (2013). "Efeitos ecológicos de longo prazo dos pesticidas". Environmental Science & Technology, 47(12), 6357-6369.
Comissão Europeia. (2018). "Plano de Ação da UE para a Utilização Sustentável dos Pesticidas".
Giller, K. E., et al. (2009). "Reduzir a utilização de pesticidas na agricultura: uma análise". Agriculture, Ecosystems & Environment, 133(4), 243-251.
Autoridade Europeia para a Segurança dos Alimentos (EFSA). (2021). "Relatório anual sobre resíduos de pesticidas nos Food".
Giller, K. E., et al. (2009). "Reduzir a utilização de pesticidas na agricultura: uma revisão". Agriculture, Ecosystems & Environment, 133(4), 243-251.
Alavanja, M. C. R., et al. 2003. "Pesticides and Cancer" [Pesticidas e Cancro]. Cancer Causes & Control, 14(2), 147-157.
Comissão Europeia. "Estratégia do Prado ao Prato".
USDA. "Princípios da gestão integrada das pragas (IPM).
Ministério da Agricultura e da Soberania Alimentar, França. Projeto "Bees and Pesticides Project".
Departamento de Alimentação e Agricultura da Califórnia. "Healthy Soils Initiative" (Iniciativa Solos Saudáveis).
FiBL & IFOAM. "The World of Organic Agriculture.
BUND (2021). "Pesticidas - O que você precisa saber".
EPA (2021). "Resíduos de pesticidas e sua saúde.
Comissão Europeia (2020). "Eco-Escolas: uma iniciativa para escolas sustentáveis.
Ministerio de Agricultura (2020). "Campanhas de sensibilização sobre produtos biológicos".
Ministério da Agricultura (2022). "Cursos de formação sobre o uso responsável de pesticidas.
UC Davis (2021). "Investigação sobre pesticidas e saúde pública.
Comissão Europeia. (2021). "Plano de Ação da UE para a Utilização Sustentável dos

Pesticidas".
Garrido, F. et al. (2018). "Melhorar a segurança dos pesticidas sistémicos". Journal of Pesticide Science.
Gould, F. (2020). "Gestão Sustentável da Resistência aos Pesticidas". Revisão Anual de Entomologia.
Hajek, A. E. et al. (2016). "Controlo biológico: uma perspetiva global". CABI.
Isman, M. B. (2020). "Resistência a pesticidas e o futuro dos bioinseticidas". Pesticida Bioquímica e Fisiologia de Pesticidas.
James, C. (2019). "Status global de culturas comercializadas de biotecnologia / GM". ISAAA.
Khan, Y. et al. (2020). "Nanopesticidas: uma nova abordagem para a agricultura sustentável". Ciências Agrícolas.
Weber, D. C. et al. (2020). "Gestão Integrada de Pragas: Uma Abordagem Sustentável. Pest Management Science.
Zhang, Y. et al. (2021). "Tecnologias de agricultura de precisão para o manejo de pragas". Agronomia Journal.

Conteúdo

Os agricultores são os primeiros a ser afectados por estes riscos. Quais são eles exatamente?

O relatório coletivo confirma que existe uma forte presunção de ligação entre a exposição profissional a pesticidas e sete doenças: mieloma múltiplo (um cancro do sangue), cancro da próstata, doença de Parkinson, perturbações cognitivas, linfoma não-Hodgkin (outro cancro do sangue), doença pulmonar obstrutiva crónica e bronquite crónica. Suspeita-se que existam ligações para outras doenças, mas as provas são menos fortes. Estas incluem a doença de Alzheimer, perturbações de ansiedade, certos cancros que afectam a bexiga ou os rins, asma e pieira e doenças da tiroide.

Quais são os riscos quando a exposição a pesticidas ocorre no útero ou durante a primeira infância?

Também neste caso, existem numerosos estudos, nomeadamente epidemiológicos, que sugerem uma forte presunção de ligação entre a exposição in utero ou durante a infância e o risco de certos cancros, nomeadamente a leucemia e os tumores do sistema nervoso central, que são os cancros pediátricos mais frequentes. Além disso, vários estudos sugerem que a exposição a determinados insecticidas aumenta o risco de perturbações comportamentais e de perturbações das funções motoras, cognitivas e sensoriais nas crianças.

E as pessoas que vivem perto de zonas agrícolas?

É muito mais difícil determinar um nível de risco com provas sólidas. De facto, estas pessoas podem ser contaminadas por substâncias derramadas nas culturas, mas este nível de contaminação é muito mais difícil de avaliar com precisão. No entanto, suspeita-se que existe uma ligação entre a exposição das pessoas que vivem perto de terrenos agrícolas e a doença de Parkinson. Do mesmo modo, certos comportamentos sugestivos de perturbações do espetro do autismo em crianças poderiam estar ligados à proximidade residencial de zonas de pulverização de pesticidas (menos de 1,5 km).

Pesticidas: de que estamos a falar?

Os pesticidas são produtos fitofarmacêuticos utilizados na agricultura para combater quer as espécies vegetais consideradas indesejáveis nas culturas, quer os organismos nocivos. Estes produtos, quer sejam ainda autorizados atualmente, quer tenham sido proibidos mas permaneçam no ambiente, suscitam numerosas preocupações quanto aos seus possíveis efeitos na saúde humana e, de um modo mais geral, na biodiversidade.

Fonte : https://www.frm.org/fr/actualites?

Biodiversidade e serviços prestados pela natureza: o que sabemos sobre o impacto dos pesticidas?

Em que medida as aves, os insectos e outros organismos vivos são afectados pelos pesticidas? Que efeito têm estas substâncias em serviços tão essenciais como a polinização ou o controlo biológico das pragas? Um relatório científico conjunto INRAE-Ifremer fornece informações actualizadas sobre o impacto dos produtos fitofarmacêuticos na biodiversidade e nos serviços que os ecossistemas prestam à sociedade. Identifica formas de os reduzir. Resultado de dois anos de trabalho de uma equipa multidisciplinar, o relatório foi encomendado pelos Ministérios do Ambiente, da Agricultura e da Investigação e abrange todos os ambientes: ar, terra, água doce e mar.

Publicado em 16 de maio de 2022

Porquê esta experiência científica colectiva?

O declínio da biodiversidade em França e em todo o mundo tem sido documentado num número crescente de publicações ao longo dos últimos vinte anos, um aviso reforçado pela publicação do relatório IPBES de 2019[1]. A contaminação ambiental por pesticidas foi identificada como uma das causas desta situação. Em França e na Europa, estão em vigor políticas públicas ambiciosas para regulamentar a utilização de produtos fitofarmacêuticos - ou seja, pesticidas utilizados nas culturas, jardins, espaços verdes e infra-estruturas - e para incentivar soluções alternativas aos pesticidas de síntese. Mas a utilização destas substâncias continua a ser significativa: em França, são ainda utilizadas entre 55 000 e 70 000 toneladas, consoante os anos. Autoridades públicas, agricultores, associações de proteção ambiental, agências de água, cientistas, fabricantes, cidadãos... todos estão preocupados com esta questão, que afecta o nosso ambiente e a nossa alimentação. Para obter uma visão actualizada do conhecimento científico, os Ministérios do Ambiente, da Agricultura e da Investigação pediram ao INRAE e ao Ifremer que realizassem uma avaliação científica colectiva do impacto dos produtos fitofarmacêuticos na biodiversidade e nos serviços do ecossistema. Os resultados deste exercício multidisciplinar e coletivo, que envolveu 46 peritos de 19 organismos de investigação ao longo de um período de 2 anos, foram partilhados num simpósio de feedback que contou com a presença de mais de 600 participantes em 5 de maio.

Em 2005, as autoridades públicas encomendaram ao INRA e ao Cemagref (agora fundido no INRAE) uma primeira avaliação científica colectiva dos pesticidas e do seu impacto na agricultura e no ambiente, sendo os efeitos na saúde humana avaliados pelo INSERM. Em 2008, o INRA apresentou outro relatório sobre o impacto da agricultura na biodiversidade. Estes relatórios de peritos ajudaram a fazer da redução dos pesticidas uma prioridade de investigação fundamental e foram determinantes para o desenvolvimento do primeiro plano francês de redução da utilização de pesticidas na agricultura. Lançado em 2008, na sequência do Fórum Ambiental de Grenelle, o plano Ecophyto 2018 estabeleceu um objetivo ambicioso e quantificado: reduzir para metade a utilização de pesticidas em 10 anos. Desde então, os regulamentos que regem a comercialização de pesticidas evoluíram, com a retirada das substâncias com maior persistência no ambiente ou com maiores efeitos tóxicos, o reconhecimento e a atribuição de prioridade ao biocontrolo e a introdução de um sistema de fitofarmacovigilância[2] para monitorizar os efeitos dos pesticidas durante a sua utilização. Além disso, a União Europeia adoptou a Diretiva-Quadro Água e a Diretiva-Quadro Estratégia Marinha, ou o pacote pesticidas, para proteger melhor a saúde humana e o ambiente contra os riscos associados às substâncias químicas. As práticas agrícolas estão a mudar, com maior ênfase nas soluções de biocontrolo, na agricultura biológica e na agro-ecologia. Os conhecimentos científicos e as técnicas de análise melhoraram, permitindo-nos caraterizar melhor os efeitos das substâncias e a contaminação dos ecossistemas. Mobilizam igualmente novos conceitos: serviços ecossistémicos, ou seja, serviços que a natureza presta à sociedade (como a polinização ou a luta biológica contra as pragas), holobiontes formados por um organismo, por exemplo uma planta, e as comunidades de microrganismos que lhe estão intimamente associadas, designadas por microbiota), exposoma (conjunto das exposições químicas, físicas e biológicas a que estamos sujeitos), etc.

Baseado numa revisão da literatura de mais de 4.000 publicações científicas internacionais, o relatório publicado a 5 de maio pelo INRAE e pelo Ifremer fornece uma atualização do estado atual dos conhecimentos, destacando o que é sólido, ainda por consolidar ou insuficientemente explorado desde os relatórios anteriores. Estes dados são essenciais para as autoridades públicas francesas e europeias, em termos de regulamentação e de estratégia de investigação. Para além deste relatório INRAE-Ifremer, o Inserm actualizou o seu relatório publicado em 2021sobre o impacto dos pesticidas na saúde humana, que será, e o INRAE foi encarregado de elaborar um relatório sobre a gestão do coberto vegetal para favorecer a regulação natural das pragas das culturas (resultados a entregar em 20 de outubro).

Que lições se podem tirar sobre o impacto?

Em terra e no mar:

os produtos fitofarmacêuticos estão presentes em todo o lado

O quadro traçado em 2022 é muito mais preciso do que os traçados em 2005 e 2008, graças a uma rede de monitorização mais densa e a técnicas analíticas melhoradas para os produtos fitofarmacêuticos e certos produtos derivados da sua degradação (ou transformação). O glifosato - de longe o herbicida mais utilizado no mundo - e o seu principal produto de transformação (AMPA) contam-se entre as substâncias mais comuns encontradas nos solos. Todos os ambientes são afectados pela contaminação de misturas de produtos fitofarmacêuticos, mas as zonas agrícolas próximas dos locais de aplicação são as mais contaminadas. Esta contaminação afecta depois os solos e os cursos de água até aos mares e oceanos, com concentrações geralmente decrescentes ao longo deste continuum. Alguns poluentes muito persistentes no ambiente, como o DDT, o lindano e o hexa-clorobenzeno, proibidos há anos, encontram-se mesmo nos mares profundos e nas zonas polares. As misturas de poluentes encontram-se por todo o lado: os produtos fitofarmacêuticos, eles próprios em misturas, estão presentes ao lado dos medicamentos, os microplásticos....

Por outro lado, existem poucos dados científicos disponíveis sobre a contaminação nos territórios ultramarinos franceses, que têm as suas próprias caraterísticas específicas ligadas a regulamentos particulares. Uma exceção é a clordecona, autorizada por derrogação até 1993 (depois de ter sido proibida em 1990) nas plantações de bananeiras das Antilhas francesas. Foi objeto de numerosos estudos em Guadalupe e na Martinica, onde está presente em todo o continuum terra-mar, embora se dilua à medida que se afasta das zonas de pulverização.

A biodiversidade e os serviços por ela prestados são afectados

A poluição química - para a qual contribuem os produtos fitofarmacêuticos - parece ser o terceiro ou quarto fator de destruição da biodiversidade a nível mundial, a seguir à alteração ou destruição dos habitats naturais, à exploração dos recursos e às alterações climáticas. Os conhecimentos actuais sobre os efeitos específicos dos produtos fitofarmacêuticos são sobretudo gerados em contextos agrícolas, sendo os principais produtos estudados os pesticidas sintéticos e o cobre. Os produtos de biocontrolo são muito pouco conhecidos. Estes produtos são específicos da regulamentação francesa e incluem macro-organismos (insectos, nemátodos, etc.) e micro-organismos (vírus, bactérias, fungos, leveduras, etc.) introduzidos nas culturas para combater as suas pragas, mediadores químicos (como as feromonas ou as kairomonas) que capturam, desviam e perturbam os atacantes, e substâncias naturais. Estas últimas são de origem mineral, vegetal ou animal e têm diversas utilizações (fungicidas, insecticidas, herbicidas, etc.).

Há fortes indícios de que, nas zonas agrícolas, os produtos fitofarmacêuticos são uma das principais causas do declínio dos invertebrados terrestres, incluindo insectos polinizadores e predadores de pragas (joaninhas, escaravelhos carabídeos, etc.), bem como das aves. Nas aves granívoras, os efeitos diretos são predominantes, devido à toxicidade das sementes ingeridas. Para as aves insectívoras, os efeitos indirectos são importantes: perdem a sua fonte de alimentação devido à redução do número de insectos. Os organismos aquáticos também são afectados.

As populações de macroinvertebrados podem registar uma redução de 40% nos rios agrícolas mais poluídos. Para todos estes organismos terrestres e aquáticos, os efeitos diretos e indirectos não letais são importantes, algo que não era estudado com a mesma intensidade há 15 anos. Estes efeitos podem assumir a forma de perda de orientação ou de capacidade de voo nos insectos e nas aves, de diminuição da eficácia reprodutiva ou de deficiências imunitárias.

Alguns são devidos a danos no microbiota, ou seja, em todos os microrganismos presentes nestes organismos (como a flora intestinal nos seres humanos, por exemplo). Alguns destes produtos têm também efeitos no sistema endócrino. Estes efeitos estão a ser estudados principalmente em espécies-modelo de mamíferos e peixes, e o seu impacto nas populações ainda não foi avaliado.

Os produtos fitofarmacêuticos são também responsáveis pelo declínio dos anfíbios (25% das suas populações estão ameaçadas na Europa) e dos morcegos. Para além destas conclusões por tipo de organismo, o estudo analisou também o papel ecológico que desempenham.

Os microrganismos, que estão presentes em abundância em todos os ambientes, são principalmente afectados nos solos agrícolas e nos cursos de água próximos contaminados por produtos fitofarmacêuticos. A sua capacidade de decompor a matéria orgânica e de fornecer nutrientes aos ecossistemas é reduzida.

O relatório sublinha a importância da gestão da paisagem para a resiliência da biodiversidade: é essencial criar zonas de refúgio (vegetação terrestre e aquática) ligadas entre si: são reservatórios de espécies que podem depois recolonizar os ambientes vizinhos. No entanto, estas zonas de refúgio e, de um modo mais geral, os habitats naturais, estão ameaçados pela simplificação das paisagens agrícolas (parcelas maiores com limites menos variados) e pela artificialização dos solos, com os produtos fitofarmacêuticos a desempenharem um papel agravante.

Os três serviços ecossistémicos em relação aos quais o impacto dos pesticidas tem sido mais estudado até à data são a produção vegetal (protegida de pragas e doenças por produtos fitofarmacêuticos), a polinização (afetada negativamente, principalmente por insecticidas neonicotinóides e piretróides) e o controlo proporcionado pelos predadores naturais contra as pragas das culturas (também afetado negativamente).

No entanto, os dois últimos serviços são úteis para os primeiros: a produção agrícola será, portanto, também afetada negativamente a longo prazo. Há muitas lacunas no nosso conhecimento de outros serviços.

Que alavancas podem ser utilizadas para limitar estes impactos?

Para além da redução da utilização de pesticidas, que continua a ser a principal alavanca para a preservação da biodiversidade, o relatório identifica três tipos principais de ação: atenuação dos efeitos, regulamentação e utilização de produtos menos persistentes e com menor impacto, como os produtos de biocontrolo.

Atenuar os efeitos

A atenuação dos efeitos pode envolver a limitação da deriva (fora do alvo) de produtos fitofarmacêuticos durante a aplicação e a sua transferência imediata para o solo e a água, o que significa tomar medidas quando o tempo é favorável (agora regulamentado). O equipamento agrícola adequado e os produtos com formulações mais pesadas podem ajudar a limitar a deriva. É importante cobrir o solo com vegetação: 40% menos poluído neste caso. A fito-remediação - ou descontaminação por plantas - pode ajudar a reduzir em 10% a presença de pesticidas no solo. A gestão paisagística também desempenha um papel importante, criando zonas tampão que limitam o escoamento para os solos e cursos de água vizinhos: os lagos podem reduzir o escoamento em 60%, enquanto as sebes e as zonas relvadas podem reduzi-lo em 40%.

Uma abordagem complementar consiste em privilegiar o biocontrolo em detrimento dos pesticidas sintéticos. No entanto, é necessária investigação e dados sobre a contaminação ambiental e o seu impacto. Além disso, a dificuldade reside no facto de alguns produtos e organismos de biocontrolo já estarem presentes no ambiente, sendo difícil distinguir entre a fração contribuída pelo controlo fitofarmacêutico. As soluções de biocontrolo são geralmente menos persistentes e têm menor ecotoxicidade do que os pesticidas utilizados convencionalmente, embora haja excepções como o Bacillus thuringiensis, o spinosade e as piretrinas.

Não existe uma solução única para reduzir o impacto dos pesticidas, mas sim uma necessidade de combinar diferentes alavancas para uma maior eficácia.

Os regulamentos

A regulamentação atual, embora muito ambiciosa e restritiva, como sublinha a literatura científica, poderia ser melhorada para atingir melhor os seus objectivos de proteção. Atualmente, a avaliação de risco de rotina não tem em conta a complexidade dos organismos vivos (e as interações entre espécies) e os efeitos de cocktail ou multi-stress. Poderiam também ser alcançadas melhorias através de uma maior integração dos dados de monitorização epidemiológica. É igualmente necessário definir melhor as espécies estudadas (por exemplo, aves granívoras para avaliar melhor os efeitos indirectos) e os ambientes estudados.

A concluir o seu relatório, François Houllier, Diretor Executivo do Ifremer, afirmou o empenho do seu instituto em prosseguir a investigação para esclarecer as lacunas: "A maior parte das alavancas estão em terra, mas precisamos de saber mais sobre o mar: A Cátedra Azul criada pelo Ifremer em Nantes estudará o impacto da poluição no microbiota dos organismos marinhos; espero também que sejam apresentados projectos ambiciosos, sobre o exposoma marinho no âmbito do PPR "Oceano - Clima", sobre o continuum terra-mar no âmbito do PEPR "Uma Água", ou no âmbito da missão europeia para a restauração dos oceanos e das águas". Por seu lado, Philippe Mauguin, Presidente e Diretor Executivo do INRAE, sublinhou a importância de reforçar as competências e de desenvolver abordagens alternativas. O conceito "One Health" - uma abordagem única da saúde humana, animal e ambiental - poderia ser mais desenvolvido através da investigação dos conceitos de exposoma, ecoexposoma e microbiota. Temos de fazer progressos na caraterização qualitativa e quantitativa da biodiversidade e dos serviços ecossistémicos e na atribuição das múltiplas causas de declínio: poluição química, alterações climáticas, artificialização dos solos, etc. É igualmente necessário corrigir o efeito de lupa criado pela concentração da investigação em moléculas ou grupos químicos específicos, bem como o efeito de reverberação, segundo o qual um resultado só pode ser obtido se estiver presente na área "iluminada" pela investigação.

As autoridades públicas mobilizaram recursos significativos para apoiar alternativas aos pesticidas, em particular as geridas pelo INRAE: o programa prioritário de investigação Cultiver et protéger autrement (Cultivar e proteger de forma diferente), o programa prioritário de investigação e equipamento (PEPR) sobre o melhoramento vegetal, e os grandes desafios do biocontrolo e da robótica. A agroecologia e as alternativas aos pesticidas são uma prioridade no roteiro do INRAE para 2030, e o INRAE foi também o motor de uma aliança europeia para a eliminação progressiva dos pesticidas, que reúne 34 institutos de investigação de 20 países europeus. Um colóquio organizado pelo INRAE em Dijon, nos dias 2 e 3 de junho, sob a égide da Presidência francesa da União Europeia, permitirá partilhar os progressos e as pistas de investigação neste domínio. Para além das autoridades públicas francesas, Philippe Mauguin sublinha a necessidade de sensibilizar as autoridades públicas europeias e de partilhar esta experiência de forma operacional. Foi o que aconteceu em 11 e 12 de maio, numa conferência ministerial organizada pelo Ministério do Ambiente francês, quando a Anses apresentou a Parceria Europeia para a Avaliação dos Riscos das Substâncias Químicas (PARC), que coordena, com o objetivo de conceber uma nova geração de avaliação de riscos mais protetora. Em dezembro de 2022, o INRAE apresentará igualmente uma perspetiva sobre a eliminação progressiva dos pesticidas a nível europeu.

Notas :

1. *IPBES: Plataforma Intergovernamental Científica e Política sobre Biodiversidade e Serviços Ecossistémicos.*
2. *Fitofarmacovigilância: Sistema concebido para monitorizar os efeitos indesejáveis dos produtos fitofarmacêuticos disponíveis no mercado, abrangendo a*

contaminação ambiental, a exposição e os impactos nos organismos vivos - incluindo os seres humanos - e nos ecossistemas, bem como o aparecimento de resistências (Anses).

Fonte : https://www.inrae.fr/

Prevenir os riscos associados aos pesticidas
Por: G.L/ABU YOCEF/2023

Prevenir os riscos associados aos pesticidas
2023.

Printed by Books on Demand GmbH, Norderstedt / Germany